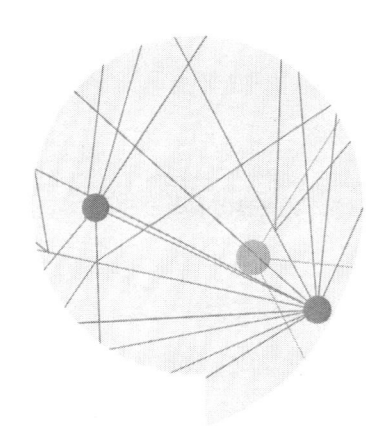

GUANYU XUEZHE
KUAGUO LIUDONGXING DE
LILUN TANTAO HE JINGYAN YANJIU

关于学者跨国流动性的理论探讨和经验研究

刘田丰　著

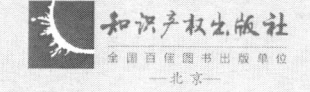

知识产权出版社
全国百佳图书出版单位
—北京—

图书在版编目（CIP）数据

关于学者跨国流动性的理论探讨和经验研究 / 刘田丰著 . —北京：知识产权出版社，2020.12

ISBN 978-7-5130-7135-2

Ⅰ.①关… Ⅱ.①刘… Ⅲ.①科学工作者—国际交流—研究—中国、英国 Ⅳ.①G316

中国版本图书馆 CIP 数据核字（2020）第 161203 号

内容提要

本书依托跨越中英两国的一手调研资料和中外学术权威文献提供的学术依据，旨在探讨全球一体化、国际教育和跨国学术交流之间的关系，从介绍全球化背景下的国际教育概况出发，由浅入深、由抽象到具体地研究了在中英联合办学的高等教育机构里工作的中英学者跨国流动性的理论探讨、经验研究和学术交流，从而挖掘出这种学术上的跨学科交流和流动性的移民过程中的人文地理学意义。本书既宏观关注国际高等教育联合办学的前沿动向，也微观分析跨文化研究理论，还在跨文化研究理论上作出了新的跨学科尝试。本书可作为相关留学人员的参考用书。

责任编辑：许　波　　　　　　　　　责任印制：孙婷婷

关于学者跨国流动性的理论探讨和经验研究
刘田丰　著

出版发行：知识产权出版社有限责任公司		网　　址：http://www.ipph.cn	
电　　话：010-82004826		http://www.laichushu.com	
社　　址：北京市海淀区气象路 50 号院		邮　　编：100081	
责编电话：010-82000860 转 8380		责编邮箱：xubo@cnipr.com	
发行电话：010-82000860 转 8101		发行传真：010-82000893/82005070/82000270	
印　　刷：北京中献拓方科技发展有限公司		经　　销：各大网上书店、新华书店及相关专业书店	
开　　本：720mm×1000mm　1/16		印　　张：14.25	
版　　次：2020 年 12 月第 1 版		印　　次：2020 年 12 月第 1 次印刷	
字　　数：210 千字		定　　价：68.00 元	

ISBN 978-7-5130-7135-2

出版权专有　侵权必究

如有印装质量问题，本社负责调换。

前言 PREFACE

本书从全球化背景下人才跨国流动趋势和跨国教育概况出发，探究跨国主义背景衍生的"流动性"（mobilities）这一学术概念与学者这一跨国流动群体产生的"化学反应"。具体而言，本书主要聚焦在中英联合办学的高等教育机构中工作的中英学者群体。通过近距离观察他们在异国的社会关系、文化生活、经济积累和职业发展等情况，挖掘这一群体跨国流动的人文地理学意义，并且尝试建立相对应的跨文化研究理论范式。

本书依托权威文献提供的学术依据和跨国场域的一手调研资料，旨在探讨：①全球一体化、国际教育和人才流动之间的关系；②经典移民理论的跨学科融合；③跨国学者群体"在地"经验研究的重要性。经过四年的推敲打磨，本书在内容上，完整地论述了跨国学者在异国学术界会遇到的误解、对立和难以言说的压力等问题，也清楚地刻画出国际学术圈纷繁复杂的跨国资本转换模式，并对跨国就业能否给学者带来职业发展机会进行了深入探讨；在研究方法上，使用了一系列欧美主流定性分析方法来解构跨国学者的日常工作和生活，包括半开放性采访、照片采访和参与观察法。研究结果表明，那些跨国就业伴生的问题对跨国学者未来职业发展和流动意向有着很深远的影响，与大多数已发表研究结果不同，跨国学者并非被动地适应和融入当地学术环境，而是会主动地改变当地学术工作氛围，并且能发掘出更多的职业潜力。

此书的出版意义在于，它既宏观关注高等教育国际联合办学的前沿动向，也结合实际微观阐释跨国高端移民的日常跨文化交际行为，还在跨文化研究理论上作出了新的跨学科尝试。就学术创新而言，它不仅横跨了人文地理学、社会学、人类学和跨文化交际学等学科类别，在工作语言上也分别运用法语、英语和中文作为研究依托，以一个旅居欧洲多年的中国学者的新鲜视角对跨文化现象进行深入分析。此书还打破了跨文化研究中惯用的国家界限，对中英学者在跨国机构中的工作实践进行了对比研究。本书既可以为政府工作报告提供调研资料，也可以成为学术机构的参考文献，还可以为跨文化交际学研究提供学术数据及理论依据，更可以成为学生、学者或是跨文化工作者的规划指导书籍，既具有学术研究价值也具有实践指导意义。

最后，衷心感谢中南大学和知识产权出版社的大力支持，以及戚云亭、张案菁和翁慧等伙伴在翻译方面做出的贡献，使得本书顺利出版。同时，本书内容蕴含着作者近些年来在跨文化流动研究领域的所思所想，不揣学识浅陋，也衷心希望得到各位专家学者的批评和指正。

目录 CONTENTS

第一部分 全球一体化、国际教育和移民流动

第一章 全球一体化和流动：在华外籍人士社会融入研究概况 …………… 3
    一、社会融入概念 ………………………………………………………… 4
    二、移民社会融入研究概况 ……………………………………………… 6
    三、在华外籍人士的社会融入研究概况 ………………………………… 13
    四、未来研究的要点和难点 ……………………………………………… 16

第二章 全球一体化和教育：中英跨国教育和国际人才流动概况 ………… 18
    一、中英两国在跨国学术界的重要地位 ………………………………… 19
    二、高等教育国际化理念的演变：人才流失、人才引进和
        人才环流 ……………………………………………………………… 24
    三、中英两国学者人才吸引政策近况的比较 …………………………… 30

第三章　跨国主义、学者流动和文化适应 …… 34
　　一、流动概况 …… 36
　　二、将跨国主义与学术流动联系起来 …… 42
　　三、学术文化适应：最大限度地减少跨国学者之间的差异？ … 44
　　四、学术文化差异与跨国学者所面临的挑战 …… 47
　　五、不同文化中学术实践的差异性 …… 48

第二部分　移民研究理论和跨学科理论的融合

第四章　理论基础：布尔迪厄及其社会实践理论 …… 59
　　一、场域理论 …… 61
　　二、资本 …… 64
　　三、惯习 …… 69

第五章　理论创新：关于跨学科理论范式的思考 …… 73
　　一、场域和资本：跨国教育场域和学术资本兑换 …… 73
　　二、地方、空间和跨国高等教育机构 …… 76
　　三、地方和惯习：跨国教育机构和学术移民日常生活 …… 79
　　四、地方、物质和移民流动：跨国教育机构和学术移民流动… 82
　　五、跨学科理论范式框架下的具体研究方法 …… 85

第六章　基于跨学科理论范式的研究计划范例："海归"的跨文化适应过程研究 …… 87
　　一、项目的研究意义 …… 87
　　二、国内外研究现状分析 …… 88
　　三、研究目标、研究内容和拟解决的关键问题 …… 90
　　四、拟采取的研究方法、技术路线、试验方案和可行性分析 … 92
　　五、本研究的特色与创新之处 …… 96

目 录

第三部分　跨国学术移民经验研究：学者们的日常生活

第七章　跨国流动动机：移民政策和日常 …………………… 101
　　一、"自上"的培育跨国资本形式：政策与资本交换
　　　　在引导学术移民迁移中的重要性 …………………… 102
　　二、来自"下方"的限制：学术移民流动如何受到专业
　　　　实践中学术优势（劣势）的影响？ ………………… 115
　　三、结论 …………………………………………………… 132

第八章　跨国工作环境：校园空间和物品 …………………… 135
　　一、工作空间的物品 ……………………………………… 136
　　二、社交空间和物品 ……………………………………… 161
　　三、居住空间和物品 ……………………………………… 174

第九章　跨国流动过程：教学和教学法创新 ………………… 185
　　一、国际教学和考核方法 ………………………………… 185
　　二、跨国课堂上的师生关系 ……………………………… 204

第一部分

全球一体化、国际教育和移民流动

第一章　全球一体化和流动：在华外籍人士社会融入研究概况

近年来，我国不断深化改革开放，提出了"一带一路""构建人类命运共同体"等倡议，越来越多的外国人来到我国追求中国梦。跨国移民不仅是人力资本的流动，更强化了我国与其他国家在经济、文化方面的联系，对我国文化软实力的输出具有重要价值。在绝对数量上，外国人在北京、上海等大城市已经成为不可忽视的社会群体。

党的十八大以来，习近平总书记针对人才工作作出了"择天下英才而用之"的重要指示，国家移民管理局也在2018年正式成立，表明我国对国际人力资源愈加重视。2018年以来，上海市的《人才高峰工程行动方案》和北京市的《引进人才管理办法（试行）》也表达了对国际人才的关注。面对全球日益激烈的人力资源争夺，我国除了从政策方面吸引人才，更要考虑如何促进来华外籍人士的社会融入，鼓励他们在我国发展中发挥更大的作用。

具体而言，在外国人口的治理层面，首先我们应当适当了解发达国家的外国人才治理经验，从而为我国相关研究提供实践参考。在我们收集的他国移民治理经验中，新加坡在2013年的人口白皮书中明确提出"我国一贯鼓励并帮助新公民融入我们的社会，希望他们可以适应新加坡的生活方式，同时丰富我国的人力、智力资源"，并早在2009年就设立国民融合理事会，划拨专项资金来组织各类针对移民的教育、文化活动，以期促进移民的本地融入。日本、韩国等其他亚洲国家，则给予移民及其家庭成员更多的社会权利、降低永久居留申请门槛、提供语言培训和文化培训等。

在欧洲，德国柏林市通过城市规划鼓励本地居民和移民在同一街区混居，增加他们在日常生活中的交流。但学者发现，上述大多数移民融入政策收效甚微，而某些移民或本地居民自发组织的非政府融入活动则取得了良好的效果。[1] 究其原因，这些移民融入政策多是从政府的需求出发，忽视了移民自身的需求。这对我国未来移民融入政策的制定有启示作用。

一、社会融入概念

在当今全球一体化的国际形势下，对外国人口的关注度越来越高，为了吸引外国人才而出台的政策也越来越丰富。由于国家和个人层面都会涉及外国人口的融入问题，那么我们就有必要由此引出本章接下来要讨论的外国人口问题所围绕的一个核心理论概念——社会融入。

社会融入的概念起源于法国社会学家涂尔干。他从社会分工、利益和价值分化三个切入点具体分析社会融合的困境和解决方案，认为市场本身的自动调节功能将在很大程度上促进社会融合。对社会融入这一概念，中国学界也给出了不同定义。张广济认为，"社会融入是指特殊情境下的社会群体，融入主流社会关系网当中，能够获取正常的经济、政治、公共服务等资源的动态过程"。[2] 崔岩则进而强调，除获取资源之外，社会融入也是外来人口对迁入地的高度心理认同。综合上述学者观点，崔岩提出，社会融入概念的核心是指社会中某一特定人群，融入社会主流群体，与社会主流群体同等地获取经济社会资源，并在社会认知上去差异化的动态过程。[3]

从形成机制来说，社会融入受到移民来源国、移民渠道、居留身份、就业机会、跨国纽带和移入地社会对移民的态度等因素的影响。[4] 移民来

---

[1] Yeoh B, Lin W. Chinese migration to Singapore: Discourse and discontents in a globalizing nation-state[J]. Asian and Pacific Migration Journal, 2013, 22(1): 31-54.

[2] 张广济. 生活方式与社会融入关系的社会学解读[J]. 长春工业大学学报（社会科学版），2010(3): 43.

[3] 崔岩. 流动人口心理层面的社会融入和身份认同问题研究[J]. 社会学研究，2012, 27(05): 141-160.

[4] Vertovec S. Super-diversity and its implications[J]. Ethnic and Racial Studies, 2007, 30(6): 1024-1054.

第一章　全球一体化和流动：在华外籍人士社会融入研究概况

源国不仅指国家本身，还有该国的语言、宗教传统、价值观和其他文化要素。移民渠道主要包括投资、教育、就医、避难等。对迁移渠道的研究可以刻画出移民的跨国社会关系网络，为探讨他们的社会融合提供参考。居留身份指根据迁入地法律，移民在当地所持有的居留许可及相应的社会权利等，这些影响了他们工作、生活、社会融入的方方面面。就业机会包括提供给移民的职业种类、数量及移民自主择业的难易程度。这一方面与法律所规定的不同居留身份的社会权利相关，另一方面与当地就业市场对移民的友好程度及移民的职业技术水平等相关。跨国纽带即移民与母国或他国在商业、投资、家庭、友谊等方面的联系。移入地社会对移民的态度则深刻地影响移民对融入当地社会的积极性。值得注意的是，上述的影响因素在实证研究中都必须落地到具体的地方，且在不同的地方表现不尽相同，因此地方对移民的社会融入有至关重要的影响。地方、空间、各影响因素和移民本身相互作用，最终演化为不同的社会融入模式。

基于实证研究，学者从政治、经济、社会、心理等多个维度建立了社会融入分析框架。[1][2] 结合我国国情，将社会融入划分为合法性融入、经济融入、社会融入、文化融入、身份认同五个维度。合法性融入即取得合法居留身份，经济融入指移民有足以支撑移民及其家庭在移入国生活的收入。这两方面相对容易衡量。社会融入和文化融入具有极大的相关性，都代表了对移入地社会道德体系、价值观、文化习俗、宗教习惯等社会文化方面的接受、认同乃至遵守，但社会融入更强调移民在当地社会的被接纳程度，文化融入更强调移民主动接受并融入当地文化的过程。身份认同则强调移民对当地社会心理上的认同。

国外学者对社会融入概念的讨论集中于移民被当地社会同化、移民对移入地文化的适应、移民在当地的被接纳程度以及移民与本地社群的融合

---

[1] Erdal M B., Oeppen C. Migrant Balancing Acts: Understanding the Interactions Between Integration and Transnationalism [J]. Journal of Ethnic and Migration Studies, 2013, 39 (6): 867-884.

[2] 唐云峰，解晓燕. 城郊失地农民城市融入的心理障碍归因及政策干预——基于扎根理论的分析 [J]. 经济社会体制比较, 2018 (6): 148-161.

四个方面。❶ 研究表明，移民在保持和母国或他国密切联系的同时，也能很好地融入移入国社会。❷ 这为我国鼓励外籍人士融入中国社会，并充分利用他们的跨国关系网络，提供了理论依据。

二、移民社会融入研究概况

（一）国内

1. 流动人口研究

我国学者对流动人口的研究主要集中于庞大的国内各区域间流动人口，尤其是进城务工人员。这些研究不仅着眼于流动人口在迁移过程中面临的挑战及其他相关社会问题，而且立足于我国城乡二元化背景下的改革挑战。

（1）农民移民在城市普遍缺乏融入：虽然不同学者所指出的融入路径不尽相同，如进入大城市的务工人员对社会融入的期望仅限于租房补贴、工薪保障等基础需求，而同城的农村移民则期望能从户口、住房、子女入学等各方面彻底完成市民化，但这一过程面临挑战。❸

（2）缺乏融入的原因十分复杂：进城务工人员进入城市后面临着城乡社会差异和相应的文化冲击，且在城市缺乏帮助融入的社会网络，其自身的技能水平和城乡户籍制度也进一步限制了他们在城市中的融入。❹

（3）进城务工人员融入问题存在代际差异：新生代进城务工人员的

---

❶ Snel E, Engbersen G, Leerkes A. Transnational involvement and social integration [J]. Global networks, 2006, 6（3）: 285–308.

❷ Erdal M B, Oeppen C. Migrant Balancing Acts: Understanding the Interactions Between Integration and Transnationalism [J]. Journal of Ethnic and Migration Studies, 2013, 39（6）: 867–884.

❸ 林李月, 朱宇, 许丽芳. 流动人口对流入地的环境感知及其对定居意愿的影响——基于福州市的调查 [J]. 人文地理, 2016, 31（1）: 65–72.

王春兰, 丁金宏. 流动人口迁居行为分析：以上海市闵行区为例 [J]. 南京人口管理干部学院学报, 2007, 23（4）: 28–34.

❹ 任远, 陶力. 本地化的社会资本与促进流动人口的社会融合 [J]. 人口研究, 2012（5）: 47–57.

周大鸣, 杨小柳. 从农民工到城市新移民：一个概念、一种思路 [J]. 中山大学学报（社会科学版）, 2014, 54（5）: 144–154.

第一章 全球一体化和流动：在华外籍人士社会融入研究概况

教育水平普遍高于老一辈，且对新事物的适应能力更强，因此融入程度也好于老一辈。此外，学者还探讨了近年来新出现的随成年子女迁移的"老漂族"或随父母迁移的"流动儿童"等现象。❶

上述研究与跨国移民研究存在共通性，如强调社会网络在融入中的作用、移民技能水平的影响以及人口管理制度对融入的引导性作用等。但由于我国境内人口迁移的动因和外籍人士来华的动因不同，且两个群体的社会特征差异较大，因此本章所讨论的问题只能有限借鉴上述研究。

2. 社会融入研究

近二十年来，随着全球化和移民潮的出现，国内以社会融入为主题的研究大致有以下三个特征。

（1）学者们从多个维度建立了社会融入的分析框架。贝尔纳（Bernard）从政治、经济和心理三个层次，归属感、认同、参与、合法化、平等和包容六个维度，建立了社会融入分析的研究框架。❷ 陈世伟从经济、社会和心理三个角度对流动人口的城市社会适应程度进行研究分析。❸ 唐云锋和解晓燕在政治-心理融入、经济-心理融入、文化-心理融入和社会-心理融入四个主范畴基础上深入挖掘社会融入的心理障碍归因。❹ 西方社会融合理论进行汇总后可以分为三类：以高登（Gordon）为代表的结构性和文化性"二维"模型；以杨格-塔斯（J. Junger-Tas）等人为代表的结构融合、社会文化融入和政治合法性融入"三维"模型；以恩泽格尔（H. Entzinger）等人为代表的经济融入、政治融入、文化融入、主体社会接纳"四维度"模型。结合目前我国来华人员问题的发展趋势，有必要从社会融合理论出发，结合我国发展的阶段特征，从经济融入、文化融入、社会融入、结构融合和身份认同五个维度对我国促进外籍移民社会融合的政策措施进

---

❶ 唐远军，汤思洁，毛兴欣，等.大学生志愿服务模式下的"老漂族"社会适应问题[J].文教资料，2018（02）：150-151.

❷ Bernard P. Social Cohesion: A Critique[R]. Ottawa: Canadian Policy Research Network, 1999.

❸ 陈世伟.社会建设视域下农民工的城市社会适应[J].求实，2008（2）：55-58.

❹ 唐云峰，解晓燕.城郊失地农民城市融入的心理障碍归因及政策干预——基于扎根理论的分析[J].经济社会体制比较，2018（6）：148-161.

行分析，以大城市的外籍移民社会融合为样本，摸索适合中国发展阶段和中国特色的移民社会融合模式。

（2）学者们从多个视角分析流动人口社会融入程度。例如，王志敏和王实从住房路径的视角阐释社会融入，指出由于城镇移民的住房路径呈现聚合型、离散型和流动型三种模式，社会融入随之对应演变表现出向上、向下和波动型特征。❶另外，还有学者分别从生活方式❷、跨国移民的社会空间❸、景观感知和跨文化认同❹等方面分析了大城市移民人口群体的融入状况。与此同时，也有学者从制度排斥、社会排斥、社会差异、社会网络等理论视角对外来人口的本地融入问题进行了讨论分析。❺

（3）学者们从多个主题分析流动人口的城市融入问题。一是进城务工人员城市融入研究。胡杰成认为，现有的相关研究主要从现代性、社会化、社会整合、社会分层与社会流动、社会网络这五种理论视角展开。❻梁波、王海英认为，目前的文献主要从现代化、社会资本与社会网络、制度主义三种理论范式出发对导致进城务工人员城市融入度低的因素进行了分析性阐释。❼具体而言，进城务工人员城市融入文献主要热点方向为进城务工人员市民化研究；❽城市融入阻碍、对策出路及社会各界推动；❾相关法律

---

❶ 王智敏，王实.住房路径视角下我国城镇移民社会融入演变[J].调研世界，2018（12）：50-56.

❷ 曲海峰.生活方式城市化：农民工城市融入的内在理论[J].现代商贸工业，2017（24）：66-67.

❸ 李志刚，薛德升，杜枫，等.全球化下"跨国移民社会空间"的地方响应——以广州小北黑人区为例[J].地理研究，2009（4），920-932.

❹ 蔡晓梅，朱竑.高星级酒店外籍管理者对广州地方景观的感知与跨文化认同[J].地理学报，2012，67（8）：1057-1068.

❺ 胡宏伟，李冰水，曹杨，等.差异与排斥：新生代农民工社会融入的联动分析[J].上海行政学院学报，2011，12（04）：79-93.

❻ 胡杰成.农民工城市融入问题研究综述[J].兰州学刊，2008（12）：87-89.

❼ 梁波，王海英.城市融入：外来农民工的市民化——对已有研究的综述[J].人口与发展，2010（4）：73-85，91.

❽ 陈素琼，张广胜.中国新生代农民工市民化的研究综述[J].农业经济，2011（5）：76-78.

❾ 汤夺先，张丽.新生代农民工市民化研究的回顾与反思[J].湖北民族学院学报（哲学社会科学版），2017（1）：12-18.

第一章 全球一体化和流动：在华外籍人士社会融入研究概况

法规及政策的制定与完善。[1]国内学者在研究社会融合问题时，主要针对的对象是"乡－城"移民，这与境外人士移居我国同样存在较大差距，相关理论适应性不强。

（二）国外

我们主要搜集了国外人文地理学里具有代表性的相关研究，并将具体文章和讨论重点归纳总结如下。

德哈拉斯和伕克玛的《社会融入程度和跨国网络对国际回流移民回归意愿的影响》一文分析了在西班牙和意大利的四组非洲移民群体，认为在移入地的融入情况未必与移民归国的动机有必然联系，但通过数学模型分析得出，如果移民能够很好地融入客居地的社会文化环境，这会减弱他们回归祖国的意愿（但该文并未分析移民的融入路径）。[2]

他们的另外一篇文章《跨国参与与社会融入》提到了和融入相关的若干概念：社会同化（assimilation）、文化适应（acculturation）、文化合作（incorporation）和文化融入（integration）。他提到，移民的融入一般指新的社会元素（移民）适应到已有的社会体系当中去。由此看出，他对社会融入的理解与涂尔干、张广济、崔岩等人的理解都有共通之处。[3]

文章基于对居住在荷兰的300个移民（来自美国、日本、伊拉克、前南斯拉夫、摩洛哥和荷属安的列斯群岛）的问卷调查，采用定量回归分析的方法，探讨移民的跨国行为（特指和母国之间的联系）和他们在客居地融入情况之间的关系。该文将融入分为两个层次：一是结构性融入（structural integration），指移民客居地的社会经济地位，尤其是教育水平、在劳动市场中的地位等；二是社会文化融入（social cultural integration），指移民与本地人之间的社会交往，以及对客居地的社会文化价值观的认同

---

[1] 符宁，葛乃旭，陈静.农民工市民化问题研究观点综述[J].经济纵横，2016（6）：124-127.

[2] Haas H D, Fokkema T. The effects of integration and transnational ties on international return migration intentions[J]. Demographic Research, 2011, 25（24）: 755-782.

[3] Probst A, Marko M, Kmetko L, et al. Transnational Involvement And Social Integration[J]. Global Networks, 2010, 6（3）: 285-308.

程度。回归分析表明移民与母国之间的联系和其在客居地的融入情况并无直接联系,也就是说与母国之间的联系越密切,并不意味着其在客居地的融入越差。但分析同时也表明,如果母国和客居国之间的文化差异较大,移民在融入客居国的过程中会面临更大的困难。

威利斯(Willis)和耶和(Yeoh)的研究对象是在中国上海和香港两个城市的新加坡及英国高技术移民,研究角度是家庭和性别关系。文章并未直接探讨移民在客居国的融入,但是提到英国和新加坡移民来到中国后均建立或参与进本国人团体,且该团体与中国本地社会之间有着明显的界限。而在与中国人或者本地社会交往的过程中,移民(尤其是女性移民)经历了一系列的价值观冲突,最终他们选择坚持并固化自身原有的价值观,这同时也强化了他们对新加坡人或英国人身份的认同,并弱化了他们在中国社会的融入。值得注意的是,该文涉及的访谈对象,主要是受公司指派,才携家庭来到中国,并非主动选择来到中国就业、定居,他们也未表露出在中国定居的打算(这一点和当下的情况可能有所不同)。[1]

耶和和卡奥(Khoo)的研究对象是在新加坡的女性移民,包括亚洲人和西方人。受访谈者包括来新加坡的女性工作移民和随家庭到新加坡的配偶移民。通过探讨她们在家、工作和社区三个方面的个人生活经验,该文表明虽然这些女性移民并非完全隔离于新加坡社会之外,但她们在各方面都仍是外来者,融入并不好。[2]

耶和和林伟强还写了一篇有关新加坡的中国移民的文献及政策综述,涉及新加坡政府的国家融入计划(National Integration Council)。[3]

艾尔达里(Erdal)和欧叶鹏(Oeppen)把融入分为结构性融入(structural integration)和社会文化融入(social cultural integration),并提出融入和跨

---

[1] Willis K, YeohB. Gendering Transnational Communities: A Comparison of Singaporean and British Migrants in China[J]. Geoforum, 2002, 33(4): 553-565.

[2] Yeoh S A B, Khoo L M. Home, Work and Community: Skilled International Migration and Expatriate Women in Singapore[J]. 2010, 36(2): 159-186.

[3] Yeoh B S A, Lin W. Chinese Migration to Singapore: Discourses and Discontents in a Globalizing Nation-State[J]. Asian and Pacific Migration Journal, 2013, 22(1): 31-54.

第一章　全球一体化和流动：在华外籍人士社会融入研究概况

国主义之间的三种关系。❶

艾维他（Everts）在文章中提到，在德国的少数族裔移民在日常生活中通过开设具有家乡特色街边小店或在其中消费，为自己带来曾经在母国的回忆，帮助自己适应移民后的生活。在分析中强调语言能力和种族差异及其背后的文化差异，对移民融入当地生活带来了一定的困难，而这些街边小店能帮助移民解决生活上的不便，并疏解融入当地过程中所面临的压力。❷

而比列特（Brettell）的研究对象是在美国西南某城市的四个移民族群，分别来自萨尔瓦多、印度、越南和尼日利亚。其研究发现，他们大多在政治上已归化，在情感上对母国和客居地都有牵绊，但在文化层面上仍较大程度保留了母国的文化价值观等。从文章的表述看，虽然这些移民对于母国怀有很深的情感，但其融入程度还是比较高的，其原因有二：其一，他们在美国长期生活后已经逐渐了解美国的社会文化价值观；其二，他们大多已经清楚地认识到自己及家人不可能也不打算再回到母国生活，于是更加积极地融入当地社会。❸

玛特吉斯科娃（Matejskova）和莱特内尔（Leitner）的调研对象是当时在东柏林生活的俄罗斯移民，主要看日常生活中的社会关系（social contact）对移民融入的影响。通过在本地人和移民共同生活的邻里社区（这个社区是当地政府有意规划的）的民族志观察发现，频繁的日常交流能够增加两个社会群体之间的相互了解，但这种了解同时包括正面和负面印象，总体来说对融合两个群体并没有显著作用。但通过访谈发现，日常工作能在个体层面很好地改善本地人和移民之间的关系，但本地人对整个移民群

---

❶ Erdal M B, Oeppen C. Migrant balancing acts: understanding the interactions between integration and transnationalism[J], Journal of Ethnic and Migration Studies, 2013: 1–18.

❷ Everts J. Consuming and living the corner shop: belonging, remembering, socialising[J]. 2010, 11（8）: 847–863.

❸ Brettell, C. B. Political Belonging and Cultural Belonging: Immigration Status, Citizenship, and Identity Among Four Immigrant Populations in a Southwestern City[J]. American Behavioral Scientist, 2006, 50（1）: 70–99.

体的负面印象并不会因为对某个移民有好感而改善。❶

威克托维克（Vertovec）的文章为文献综述类，他主要论证对多元化城市的研究如何提供政策咨询。有三个值得注意的点：其一，国家层面的融入政策大多只针对有长期居留许可的外国移民（在英国或大部分外国背景下，长期居留特指绿卡或公民身份；由于我国移民政策的特殊性，这一点在我国须特殊考虑）；其二，现行的大部分国家政策认为移民在客居地的融入和其跨国活动的频次呈负相关，因此致力于鼓励移民多在本国境内工作生活，并减少与包括母国在内的其他国家联系——而这种负相关性已经被许多学者证伪；其三，影响移民融入的因素主要有母国（不仅是国家本身，还有母国的主要族裔、语言、宗教传统、地区认同、价值观和其他文化活动）（country of origin），移民渠道（及与其相关的社会关系）（migration channel），法律意义上的移民身份（legalstatus），能否自主择业（access to employment），当地居住环境（硬件设施和周围的其他移民）（locality），与其他国家的联系（transnationalism），当地政府、居民及其他社会群体对移民的态度（responses by local authorities, services providers and local residents）。❷

贝尔诶克斯托克（Beaverstock）指出俱乐部已经成为在新加坡的英国移民特有的跨国社交空间。俱乐部所折射出的也是英国的社会文化价值观，满足英国移民日常生活中的商务、文化和社交需求。该文仅简略提及，有受访者反映很难融入新加坡本地社群。❸

他还研究了在新加坡的英国移民多为精英群体。发现他们能很好地适应工作环境中的"全球－本地"关系，也能和受过良好西方教育的新加坡

---

❶ Matejskova, T, Leitner H. Urban encounters with difference: the contact hypothesis and immigrant integration projects in eastern Berlin[J]. Social & Cultural Geography 2011, 12（7）, 717-741.

❷ Vertovec S. Super-diversity and its implications[J]. Ethnic and Racial Studies, 2007, 30(6): 1024–1054.

❸ Beaverstock, Jonathan V. Servicing British Expatriate 'Talent' in Singapore: Exploring Ordinary Transnationalism and the Role of the 'Expatriate' Club[J]. Journal of Ethnic & Migration Studies, 2011, 37（5）: 709–728.

人交流。但是一旦脱离工作环境，他们就会与新加坡社会脱离，在他们的居住空间或社交空间中也鲜见本地人。❶

贝尔诶克斯托克还有一篇文献综述及政策解读类文章。他提出，有三点值得注意：其一，精英移民具有高度移动性，他们很少会因为取得某国国籍或永居而彻底结束其跨国移动；其二，新加坡作为城市国家，虽然政府已经采取一系列措施吸引跨国精英定居，但吸引力有限；其三，促进移民在本地社会的融入已经成了一个政府行为，而这种政府行为已经招致部分新加坡本地人的不满。

三、在华外籍人士的社会融入研究概况

社会融入是流动人口研究的重要课题，对于促进我国社会和谐，进而实现不同主体间的社会整合，提高城镇化水平具有重要意义。外籍人员在华的社会融入也属于广义社会融入的一个重点课题。近年来，国内外各学科如地理学、社会学、人类学等开始越来越关注中国的外国人群体。

我国学者已经对在华外籍人士展开了一系列研究。研究主题包括文化冲击与摩擦❷、外国居民生活方式❸、高端移民族裔经济的研究❹、景观感知和跨文化认同❺、社会空间❻或地方响应❼，展现"跨国阶级"特定的生活方式、行为模式与文化影响。

---

❶ Beaverstock J V. Transnational elites in global cities: British expatriates in Singapore's financial district[J].Geoforum, 2002, 33（4）: 525-38.

❷ 马晓燕.移民社区的多元文化冲突与和谐——北京市望京"韩国城"研究[J].中国农业大学学报（社会科学版）, 2008, 25（4）: 118-126.

❸ 刘云刚, 谭宇文, 周雯婷.广州日本移民的生活活动与生活空间[J].地理学报, 2010, 65（10）: 1173-1186.

❹ 刘云刚, 陈跃.广州日本移民族裔经济的形成及其社会空间特征[J].地理学报, 2014, 69（10）: 1533-1546.

❺ 蔡晓梅, 朱竑.高星级酒店外籍管理者对广州地方景观的感知与跨文化认同[J].地理学报, 2012, 67（8）: 1057-1068.

❻ 李志刚, 薛德升, 杜枫, 朱颖.全球化下"跨国移民社会空间"的地方响应——以广州小北黑人区为例[J].地理研究, 2009（4）: 920-932.

❼ 李志刚, 薛德升, Lyons M, 等.广州小北路黑人聚居区社会空间分析[J].地理学报, 2009, 63（2）: 207-218.

（一）国内研究结果

现有的国内研究已经对外国人口融入问题进行了广泛探讨，并采用了多样研究方法，包括文献综述、大数据的计量分析、深度访谈等，研究分析得出以下结果。

1. 来华动因与融入模式密切相关

在广州的非裔移民与欧美高管、义乌的中东商人、北京的留学生等群体由于其来华路径和目的不尽相同，其融入模式也差异极大，主要体现在其社会关系中。❶

2. 外籍人士在大城市中有明显的聚居空间

由于社会关系的亲近性，外籍移民多倾向于聚居，以提高日常生活的舒适度，如广州小北区的黑人聚居区、上海古北的欧美白领聚居区和上海天山地区的日本人聚居区等。在某些情况下，聚居空间不仅是族裔文化空间，也是族裔经济的集中地。❷

3. 外籍移民构建了城市中的多文化空间

移民的社会空间和本地社会空间并不是完全隔绝的，移民和本地人之间的日常交流以及本地社会对移民社会空间的日常响应，造就了城市中的交流与冲突并存的多文化空间。❸

上述研究为探究外籍人士来华路径、社会空间及在华生活提供了颇有启发性的讨论，并指出外国人和本地社会间仍存在不可忽视的隔膜。但上述研究视角多集中于其族裔社会空间，缺乏对不同移民群体的社会特征的深入比较，亦对不同社会主体（如当地居民、本国同事、企业、政府等）之间的相互作用及其对移民社会融入的影响探讨不足；再者，移民的主观感知也会影响其社会融入行为，相关研究亟须深入。

---

❶ 蔡晓梅，朱竑.高星级酒店外籍管理者对广州地方景观的感知与跨文化认同[J].地理学报，2012，67（8）：1057-1068.

❷ 刘云刚，谭宇文，周雯婷.广州日本移民的生活活动与生活空间[J].地理学报，2010，65（10）：1173-1186.

❸ 何波.北京市韩国人聚居区的特征及整合——以望京"韩国村"为例[J].城市问题，2008（10）：59-64.

（二）国外研究结果

相对而言，国外与跨国移民相关的文献结论对研究在华外籍人士也颇有借鉴意义。这些文献的主要研究结果包括以下方面。

1. 移民普遍难以融入客居国社会

这可能由于文化冲突、宗教冲突和以往生活经历的不同，使得移民普遍难以融入客居国社会。但不同移民群体难以融入的表现方式并不一样，有些是社会隔膜，有些则伴随着暴力冲突。❶

2. 跨国迁移与移民家庭密切相关

跨国迁移不仅是移民的个人行为，在某些情况下也是其家庭为实现社会阶层上升或出于其他目的所作出的选择，如在英国求学的印度裔学生和在欧美留学的中国学生等，而且跨国也对移民原有的家庭关系提出了挑战。❷

3. 移民对自我身份的认同在母国和客居国之间摇摆

在移民后，移民很难将自己彻底归于母国或者客居国，经常将自己定义为同属于两个地方的人，但有所偏重，而这种自我认知也与其社会融入相关。❸❹ 与国内文献相比，国外研究的优势在于对移民的整个迁移和定居过程有比较全面的把握，且对社会学理论的理解更加深入；但由于中西文化差异，国外学者对在华国际移民或华裔移民的研究往往出现对中华文化的理解偏差，其分析也难以触及本质。

---

❶ Ho E L E. Caught between two worlds: mainland Chinese return migration, hukou considerations and the citizenship dilemma. Citizenship Studies[J], 2011, 15（6-7）: 643-658.

❷ Waters J L. Geographies of cultural capital: education, international migration and family strategies between Hong Kong and Canada[J]. Transactions of the Institute of British Geographers, 2006, 31: 179-192.

Chiang L H N, Huang C Y. Young Global Talents on the Move: Taiwanese in Singapore and Hong Kong[J]. Journal of Population Studies, 2014（49）: 69-117.

❸ Hearst A. Community, Identity and the Importance of Belonging. In A. Hearst（Ed.）, Children and the Politics of Cultural Belonging. Cambridge: Cambridge University Press[M]. 2012: 41-60.

❹ Erdal M B, Oeppen C. Migrant Balancing Acts: Understanding the Interactions Between Integration and Transnationalism[J]. Journal of Ethnic and Migration Studies, 2013, 39（6）: 867-884.

在实证研究的基础上，学者们认为社会融入与文化适应、被接纳程度、社群融合及社会同化等密切相关。❶ 朱宇和林李月则将城市融入和社会融入区分开来。这些概念性讨论也为本课题建构适用于在华外籍人士的社会融入模型提供了有力参考。❷

四、未来研究的要点和难点

（1）现有研究多将跨国精英移民放在全球城市的背景下进行研究，因为跨国移民需要在全球城市才能具有的成熟行业里工作，且全球城市对精英人才的需求大于普通城市。所以，针对在华外籍人士的研究应当从几个主要的大城市开始着手。到目前为止，针对单一大城市外籍人士的研究越来越多，但是针对中国几个主要大都市流动外籍人士的融入对比研究仍然较少。地理空间层面的对比研究将是未来此研究方向的一个很好的切入点。

（2）在未来研究中，我们应当进一步弄清楚跨国主义（transnationalism）与移民融入（integration）之间的关系。在早期研究中，这两者经常被认为是对立关系，即移民与母国或他国之间的联系越紧密，移民在移入地的社会融入越差。但近年来，学者已经通过大量定性、定量研究质疑了这一观点。目前的大部分研究表明，移民在保持和母国或他国密切联系的同时，也能很好地融入移入国社会。考虑到目前生活在我国的外国人少有长期或终身定居中国的打算，且我国需要其良好融入中国社会的同时，也需要借助他们的跨国关系，学者要尤其注意跨国纽带和移入地融入之间的紧密联系。

（3）国外的文献中提出了融入的不同层次——社会同化（assimilation）、文化适应（acculturation）、文化合并（incorporation）和社会融入（integration）。在未来的研究中，我们应当适当思考：中国最适合哪种层次的融入？或者

---

❶ Snel E, Engbersen G, Leerkes A. Transnational involvement and social integration [J]. Global networks, 2006, 6（3）: 285–308.

❷ 朱宇，林李月. 流动人口的流迁模式与社会保护：从"城市融入"到"社会融入"[J]. 地理科学, 2011, 31（3）: 264–271.

第一章　全球一体化和流动：在华外籍人士社会融入研究概况

说，哪种融入是在中国最可行的?

（4）在未来的研究中我们应当区分融入的不同类型（如工作和生活）；也就是指结构性融入和社会文化融入。我们应当区分来看外国人群体在中国的工作和生活方面遇到哪些问题，而这些问题又是如何影响他们的社会融入的。

（5）各个国家针对外国人的融入政策实际上是针对已获得本国永居或公民身份的外国人，而这一点在中国不现实。我们应当努力探讨和发掘在中国的文化政治背景下的外国人融入新模式。

（6）我们应当分别关注不同层次上的融入对策。政府层面的对策（如新加坡的国家移民融入计划及各方面的融入规划，柏林市城市规划）大多无效；社团或社区层面有一定效果；个人日常生活层面则效果最为明显。但这种融入只能促进个人之间的融洽程度，本地人群体对外来移民群体的负面印象很难会因为对某个移民个人的好感而有所改善。

第二章　全球一体化和教育：
中英跨国教育和国际人才流动概况

高等教育国际化在近年来愈发明显，一系列相关出版物显示：高等教育的扩大化机制开始在国际舞台上发挥作用，而并非和从前一样单一地植根于传统的民族国家范畴。❶ 全球高等教育国际化必定带来人才的国际化流动，于是，有很多学者围绕人才流失、人才引进和人才循环等概念进行了深入讨论。❷ 我们觉得有必要对已有文献进行综述，对近期出现的教育国际化趋势和人才流动进行归类总结，这样有利于以后章节相关实证研究的进行。总体来说，本章所关心的主要问题是全球一体化、国家、教育和移民之间的关系。它的主体内容将着重探讨跨国国际教育（主要是中国和英国之间的跨国教育），将介绍作为近十年来以惊人速度扩张的全球化教育机制，是如何影响人才的流动的。当然，本章作为综述，还将介绍人才流动的全球化趋势背后的政策支撑背景，帮助后面章节具体阐述此移民群

---

❶ Altbach P. Perspectives on Internationalizing Higher Education [J]. International higher education, 2015,（c）：27.

　Altbach P. Knowledge and Education as International Commodities [J]. International higher education, 2015（a）：28.

　Altbach P G, Knight J. The internationalization of higher education：motivations and realities[J]. Journal of studies in international education, 2007, 11（2）：290–305.

❷ Welch A, Zhen Z. Higher education and global talent flows：brain drain, overseas Chinese intellectuals, and diasporic knowledge networks [J]. Higher education policy, 2008, 21：519–537.

第二章　全球一体化和教育：中英跨国教育和国际人才流动概况

体是如何越来越"广泛化和多样化"的。❶ 具体而言，本章将从全球概况、人才流动和国家政策等方面探讨高等教育的国际化。

在讨论之前，首先，我们必须搞清楚"国际化"这个词在本章所指意义：高等教育国际化不是一个学术发达国家将教育"出口"到国外的单向过程；由于国际生源的飞速增长，这些发达国家的"本土"大学也很大程度上反过来受到"国际化"影响。❷ 其次，就教育国际化的具体表现形式而言，我们发现建立在学术发达国家境外的，类似于拥有"国际、双边、跨国、世界性、多国或全球大学"等名号的国际机构数量迅速增长。❸ 罗斯洛（Rosenau）❹ 关于"多中心世界政治"的论述，提醒我们不能低估这些国际机构的力量，特别是它们对教育流动性的影响❺。由此，教育领域的"全球市场"建立起来，这引发了不同国家移民政策的"新"趋势。最后，在已有学术资料的支撑下我们发现：在全球力量的推动下，跨国学生移民作为流动性学术移民（academic mobility）的重要组成部分，正在不断进行着跨越国界的反复循环流动。据统计，目前有160多万名学生正在本国以外的地方学习。❻

一、中英两国在跨国学术界的重要地位

在高等教育国际化的大背景下，中国和英国作为两个很重要的学术移民输入国和输出国，为跨国教育的实施、国际学术资源的流通、国家人才

---

❶ Altbach P G, Knight J. The internationalization of higher education: motivations and realities [J]. Journal of studies in international education, 2007, 11 (2): 290-305.

❷ Trahar S, Hyland F. Experiences and perceptions of internationalisation in higher education in the UK [J]. Higher education research and development, 2011, 30 (5): 623-633.

❸ Knight J. International universities misunderstandings and emerging models? [J]. Journal of studies in international education, 2015, 19 (2): 107-121.

❹ Rosenau J N. Turbulence in World Politics: A Theory of Change and Continuity [M]. NJ: Princeton University Press, 1990.

❺ Lepori B, Seeber M, Bonaccorsi A. Competition for talent country and organizational level effects in the internationalization of European higher education institutions [J]. Research policy, 2015, 44 (3): 789-802.

❻ Altbach P. Perspectives on Internationalizing Higher Education [J]. International higher education, 2015, (c): 27.

的培养等作出了很大的贡献。本小节主要以这两个国家为基本观察口，综合阐述这两个国家近年来在国际教育人才流通等方面的基本情况，从而明确其在跨国学术界的重要地位。

近年来，以知识经济概念为框架的政策使大多数国家对高素质研究人员的竞争加剧。❶ 例如，欧洲研究理事会的绿皮书《欧洲研究领域：新观点》强调了跨国学术流动在欧洲研究领域发挥的关键作用，并强调了为研究人员实现单一劳动力市场的必要性：

> 欧洲面临的一个关键挑战是怎样喜迎、培训和留住更多有能力的研究人员。此外，研究人员跨机构、部门和国家的无障碍流动甚至比其他职业更为重要：它（跨国学术流动）是传播知识的最有效工具之一。❷

时任英国首相托尼·布莱尔于2006年4月18日发起了首脑国际教育倡议。此倡议是与教育部门协商制定的。它的目的是让更多的国际学生进入英国的教育体系，因为政府已经认识到他们在促进国际关系、为英国带来长期政治和经济利益等方面的重要性。❸ 英国在世界主要地区举行了一系列高层对话。每一次对话都聚焦于一个特定领域，汇集了来自英国和海外的政策制定者、高级管理人员和普通从业者。

除留学生外，英国大学的国际学者群体人数也每年都在增加。表2-1显示，在2013—2014年英国高等教育学院雇用的201535名学术人员中，近30%是非英国籍的。全球学术界都有一个共同的特点，那就是新加入的外籍学者人数迅速增长，2010—2012年增长了2.5%，2013—2014年居然

---

❶ Kenway J, Fahey J. International academic mobility: problematic and possible paradigms [J]. Discourse: studies in the cultural politics of education, 2010, 31 (5): 563-575.

❷ CEC Green Paper: The European Research Area: New perspectives [R]. Brussels, 2007: 10.

❸ British Council. Prime Minister's Initiative for International Education [EB/OL]. [2012-06-12]. http://www.British.council.org/learning-pmi2-policy-dialogues_htm（accessed 21/04/12），2008.

第二章 全球一体化和教育：中英跨国教育和国际人才流动概况

增长了6%。❶ 促成这种快速增长现象的原因之一是，研究卓越框架（REF）对研究密集型高等教育机构的影响。这些机构希望通过从其他国家招募"明星"研究人员来提高自己的世界学术评级。❷ 另一个原因可能是，缺乏在英国本土博士后来填补某些学科的教学岗位，如生物、物理数学科学和工程技术。❸

表2-1　2013—2014年按国籍地理区域分列的学术和非学术工作人员

地区	学术（人）	非学术（人）	总计（人）
英国	137650	179310	316960
其他欧盟国家	29225	10570	39795
非欧盟国家	22140	7970	30105
其他欧洲国家	2310	480	2790
非洲	1910	1635	3545
亚洲	8335	2985	11320
大洋洲	1800	640	2445
中东	1345	210	1555
北美	5675	1735	7410
南美	765	280	1045
未知	5230	3685	8915
总计	194245	201535	395780

注：此表数据来源于2014年英国HESA官网，当时英国还未脱欧，所以表格分类还是要用英国或其他欧盟国家。

研究发现，在英国各级国际学术人员的招聘中，原籍国属于欧盟是最常见的情况（表2-1）。对于教授和讲师的招聘，最常见的地区是原籍国

---

❶ HESA. Higher Education Statistics Agency [EB/OL]. [2012-04-01]. http://www.hesa.ac.uk/content.

❷ Kim T, Locke W. Transnational academic mobility and the academic profession [R]. Centre for Higher Education Research and Information, London: The Open University, 2010.

❸ Kenway J, Fahey J. International academic mobility: problematic and possible paradigms [J]. Discourse: studies in the cultural politics of education, 2010, 31（5）: 563-575.

属于北美；对于研究人员一般是东亚。❶ 在国家层面，在英国工作的外国学者主要来自德国、爱尔兰、美国、中国、意大利、法国和希腊。其中，中国是研究人员中最大的单一非英国公民群体，约占英国高等教育机构所有外籍员工的 2/3。❷ 除此之外，在英国有 49680 名中国学生。❸ 与其他欧洲国家相比，英国也被称为最大的"中国人才进口国"❹，这也就意味着英国拥有欧洲最大的潜在中国学者群体。

高等教育国际化不仅为英国带来了国际学者，而且造成了大量英国学者的外流。英语国家，尤其是美国，是最受欢迎的工作地点（也是为英国学者建立跨国学术网络的地方），欧盟国家紧随其后❺。然而，这些国家的主导地位正逐渐减弱。金砖国家（巴西、俄罗斯、印度、中国和南非）等新的经济实体正在成为西方学术移民迁移的热点。由于国内劳动力市场竞争更加激烈，受过良好教育的英国年轻专业人士正把中国等新兴经济体作为英国以外的另一个潜在就业市场：

> 可以预见，前往亚洲国家较为年轻的专业移民人数可能会增加。在目前的环境下，很可能会有更多的西方人选择离开家乡到亚洲寻求职业机会和工作经验。中产阶级比以往任何时候都更有可能收拾行囊，离开他们在"西方"的家，前往所谓的"东方"机遇之地。❻

---

❶ HESA. Higher Education Statistics Agency[OL]. [2014-04-30]. http://www.hesa.ac.uk/content/view/1897/239.

❷ UCEA. Recruitment and Retention of staff in higher education 2008 Melbourne Universities and Colleges Employers Association [R]. 2008.

❸ HESA. Higher Education Statistics Agency[OL]. [2014-04-30]. http://www.hesa.ac.uk/content/view/1897/239.

❹ Zhang G, Li W. International Mobility of China's Resources in Science and Technology and Its Impact, In International Mobility of the Highly Skilled [M]. Paris: OECD, 2002: 189-200.

❺ Kim T, Locke W. Transnational academic mobility and the academic profession [R]. Centre for Higher Education Research and Information, London: The Open University, 2010.

❻ Li X, Joanne R, Yan Y, et al. Knowledge sharing in China UK higher education alliances [J]. International business review, 2014, 23（2）: 343-355.

第二章　全球一体化和教育：中英跨国教育和国际人才流动概况

中国不仅是英国学术移民的新目的地之一，也是在英国旅居的外国学术移民中最重要的来源国之一。在描绘中国学术移民目前跨境流动的趋势时，你会发现，中国作为所谓的"人才输出国"，是高技能移民的主要输出国之一。❶自 1978 年改革开放以来至 2010 年，学者在国外旅居的中国留学生和学者达到 162 万人。❷2015 年的统计数据表明中国申请美国研究生入学人数连续 7 年呈两位数增长，使中国人成为美国海外硕士和博士生最重要的来源。❸中国科学院（CAS）还指出，约 87% 的中国科学和工程专业人员毕业后移居国外。为什么出国在中国学生中如此流行？中国就业市场的就业机会不断减少，不断有本科生进入中国学术圈继续他们的研究生学习，使得毕业研究生们原本已激烈的竞争进一步加剧。中国每年的博士录取率一直在以平均每年 2000 人的速度增长，到 2015 年达到创纪录的 73100 人。❹竞争的加剧和中国科研体制中存在的一些结构性问题进一步加剧了学术资源的稀缺。这意味着，对于毕业生来说，研究生学位不太可能确保一个光明的未来。在这种背景下，出国读研在中国大学毕业生中越来越受欢迎。❺

在这种情况下，中国国内学者的外流仍然远远超过外国学者和中国学术海外归国人员的流入。例如，在 2009—2011 年，中国至少需要引进 70 万包括学者在内的高技能专业人员，用以平衡人力资本的外流。❻因此，中国必须提供一系列的人才引进计划，用以鼓励经历过外国教育培训的学

---

❶ Giordano A, Pagano A. The Chinese policy of highly qualified human capital: A strategic factor for global competition [J]. Innovation transition studies review, 2013, 19 (3): 325-337.

❷ Wang L. Higher education governance and university autonomy in China, globalisation [J]. Societies and education, 2010, 8 (4): 477-495.

❸ Cheung A C K, Xu Li. To return or not to return: examining the return intentions of mainland Chinese students studying at Elite Universities in the United States [J]. Studies in higher education, 2015, 40 (9): 1605-1624.

❹ 周光礼，《中国博士质量调查》，2015 年

❺ 由于"海归"总体就业优势在近年内有所下滑，出国热度也相对下降。

❻ Giordano A, Pagano A. The Chinese policy of highly qualified human capital: A strategic factor for global competition [J]. Innovation transition studies review, 2013, 19 (3): 325-337.

者和专业人员返回，以提高中国的科学技术水平。❶

二、高等教育国际化理念的演变：人才流失、人才引进和人才环流

前面的内容提到中英两国在跨国学术圈的重要地位的同时也涉及国家和国家之间的人才流动问题。学术移民、专业技术者等中高端移民在国与国之间的流动对于提高国家科学技术、经济流通、教育发展以及综合实力等方面有很重要的促进作用。对此群体的观察和讨论也由来已久。此部分内容主要以时间为轴线，总结了文献中三个解读中高端移民的关键词——人才流失、人才引进和人才环流，从而勾勒出近年来包括学术移民在内的中高端移民人才在世界流动的基本情况。

（一）人才流失

传统上，受过教育的人从发展中国家移民到发达国家被视为一个"人才流失"问题。有人认为，人才流失过程中的大量精英群体人员外流对于原籍国来说是一个重大而永久的损失。原籍国在资金有限的情况下，已经为他们的教育投入了如此之多。❷ "人才流失"这个议题是在20世纪60年代末时的联合国辩论中提出的。20世纪70年代，决策者主要关注的是如何阻止"人才流失"，以及如何补偿流失高技能人员的国家。在20世纪70年代末的一系列联合国文件中，"专业人才回归原发展中国家"被确定为一项重要的发展战略。20世纪70年代，国际移民组织曾发起一项协助受过教育的移民返回他们在拉丁美洲的祖国的方案。20世纪80年代，一项类似的方案在非洲也被发起。

虽然越来越多的国家启动了类似的方案以吸引受过教育的移民者回归

---

❶ Zweig D, Fung C S, Han D. Redefining the brain drain China's "diaspora option" [J]. Science Technology Society, 2008, 13: 1–33.

❷ Welch A, Zhen Z. Higher education and global talent flows: brain drain, overseas Chinese intellectuals, and diasporic knowledge networks [J]. Higher education policy, 2008, 21: 519–537.

祖国，但"全球知识网络的分层性"❶表明，知识分子的流动趋势在很大程度上仍然是从发展中国家到发达国家。❷正如所利玛诺（Solimano）❸所指出的，这种流动加深了现有的全球知识创造和应用的不平等：发达国家竞相吸引发展中国家的研究人才，从而巩固了自身本已强大的知识体系，而代价是牺牲了发展中国家。❹

例如，来自中国的数据显示，1978—2006 年，总共 107.6 万名出国留学的学者里只有 27.5 万人返回了中国；❺然而，有必要指出的是这其中还包含了一大部分仍没有完成学业的人。❻中国的爱国主义是否仍然在中国学术人员的生活中占有一席之地？他们在异国他乡施展才华时是否感到内疚？这种愧疚仍然是吸引他们返回中国的原因之一吗？这些问题将在后面的实证研究章节展开讨论。

（二）人才引进

每年，各国政府都在不断努力以扭转人才流失趋势。中国就是一个重要例子：中国试图扭转局势，制定了吸引高技能研究人员和科学家回国的计划，并利用他们的技能为国家服务。20 世纪 90 年代初，江泽民同志在吸引中国高技能人才回国方面做了大量工作。他认识到，在日渐全球化和中国日益开放的大背景下，要吸引人才回国，中国必须在国际舞台上竞争。自那时起，中国采取了各种措施，用承诺更高的薪酬、更大的国际活动自

---

❶ Altbach P G. Centers and peripheries in the academic profession: the special challenges of developing countries [C]. Altbach. P. G, Decline of the Guru: The Academic Profession in Developing and Middle-income Countries [M]. New York: Palgrave, 2002, 1-21.

❷ Kapur D. McHale J. Sojourns and software: internationally mobile human capital and high-tech industry development in India, Ireland, and Israel [J]. Underdogs to tigers: The rise and growth of the software industry in some emerging economies, 2005: 236-274.

❸ Solimano A. Globalizing talent and human capital: implications for developing countries [R]. Santiago: UN, 2002.

❹ Hugo G. Migration Policies to Facilitate the Recruitment of Skilled Workers in Australia, in International Mobility of the Highly Skilled [M]. Paris: OECD, 2002: 291-320.

❺ Welch A, Zhen Z. Higher education and global talent flows: brain drain, overseas Chinese intellectuals, and diasporic knowledge networks [J]. Higher education policy, 2008, 21: 519-537.

❻ Cai H. The Chinese knowledge diaspora in the development of Chinese research universities [R]. International Conference on Diaspora for Development, 2009.

由激发爱国主义等方法吸引高技能的海外华人把他们的技能带回国内。❶

对中国来说，号召散居在国外的华人回国是一个优先事务❷，而促进人才引进又是这个计划中的一部分。个别大学，特别是一些著名的国家机构能够利用其自身"211工程"❸资格和更具选拔性的"985工程"❹资格，以工资奖金、研究资金及设备、住房、子女上学帮助的形式提供奖励，以吸引特定人才回迁中国。还有一个相对而言更新的"111计划"❺，其目的在于招募任职于海外的知识分子回到中国的大学工作。即使只是临时教职，这也是积极应对人才流失、搭建中外知识桥梁的一种策略。当然，这座知识桥梁首先是由华侨知识分子群体在海外开始建立的，因为他们中的许多人本来就热衷于利用国外机构资源为祖国做贡献，而他们响应国家号召促成的各种形式的回归则进一步夯实了这座桥梁的根基。海外人才回国计划在一定程度上促进了中国科学地位的迅速上升。"中国因过去几十年里惊人的学术高产而备受瞩目。20世纪80年代初，汤森路透编制的带有中文

---

❶ Welch A, Zhen Z. Higher education and global talent flows: brain drain, overseas Chinese intellectuals, and diasporic knowledge networks [J]. Higher education policy, 2008, 21: 519-537.

❷ Zweig D, Fung C S, Han D. Redefining the brain drain China's "diaspora option" [J]. Science Technology Society, 2008, 13: 1-33.

Welch A, Hao J. Global Argonauts: Returnees and Diaspora as Sources of Innovation in China and Israel [J]. Globalisation, Societies and Education, 2015, 24（6）: 1-26.

❸ "211工程"是中华人民共和国教育部于1995年发起的国家重点高校项目，旨在提高高水平大学的研究水准和制定社会经济发展战略。在1996年至2000年项目第一阶段，分配了约22亿美元。

❹ "985工程"是1998年5月4日北京大学成立100周年之际，时任中共中央总书记、国家主席的江泽民同志首次宣布的促进中国高等教育体系发展和声誉的项目（根据中文日期格式以公告日期"5/98""98/5"为代号命名）。该项目同时涉及国家和地方政府，为了建立新的研究中心、改善设施、召开国际会议、吸引世界知名教师和访问学者并帮助中国教师参加国外会议而向某些特定大学划拨大量资金。

❺ "111计划"：为帮助解决高校的课程创新问题，教育部于2006年9月11日发布了一项条例，这标志着"111计划"的实施。该计划旨在通过建立创新中心和聚集来自世界各地的一流人才群体，提升中国大学的科学创新和同行竞争力。它将从全球100所大学和研究机构引进约1000名海外人才。这些专家将与国内研究基础设施合作，同时在大学设立100个学科创新中心。每个创新中心至少应聘10名海外人才。在每一支队伍中，应有至少一名海外学术大师，海外人才只能来自百强大学和研究机构。一般来说，学术大师的年龄不应超过70岁，但诺贝尔奖获得者除外，其他学术骨干年龄不超过50岁。每个学术大师应在中国境内至少工作一个月，学术骨干工作不少于三个月。

作者地址的期刊文章仅占全球产出的 4%。2015 年这一数字为 10%，高于 7 年前的 5%。到 2020 年，中国位居第二，仅次于美国……（中国）正在迅速成为世界研究大国。"

当然，值得补充的是，这类福利不仅用来吸引华侨学者，也用来吸引其他地方的学者，如美国、英国等。虽然这样的优惠策略对吸引海外学者来说可能更有效率，但也可能会引起当地同事的一些不满。这种待遇上的"不平等"可能会助长当地同事，特别是年轻教师出国趋势。

（三）人才环流

尽管各国政府在尽一切努力扭转人才流失的趋势以获取人才，大部分的海外人才还是选择了留在海外。例如，在美国，只有一半的国际博士或博士后返回原籍国。❶ 其中，中国的逗留率最高。2002 年的时候，92% 的中国博士生在美国至少待了 5 年以上并且并不打算马上回国。❷ 加拿大的数据也显示了类似的数字。❸

1990—2000 年，大约一半来自中国的博士生在美国寻求并获得了深造和就业的机会。值得注意的是，目前有 80% 以上的拥有长居的中国移民在澳大利亚拥有很好的学历，相当多的人在澳大利亚的大学完成博士学位后进入学术岗位。❹ 同样，当时在英国，就非英国学生和非英国学术研究人员的滞留总数而言，华裔仍然是最高群体。❺

---

❶ Saxenian A. The new argonauts regional advantage in a Global Economy [M]. Cambridge: Harvard University Press, 2006.

❷ Cheung A C K, Xu Li. To return or not to return: examining the return intentions of mainland Chinese students studying at Elite Universities in the United States [J]. Studies in higher education, 2015, 40 (9): 1605-1624.

❸ Li P. Immigration from China to Canada in the age of globalization: Issues of brain gain and brain loss [J]. Pacific Affairs, 2008, 81: 217-339.

❹ Hugo G. Some emerging demographic issues on Australia's teaching academic workforce [J]. Higher Education Policy, 2005, 18: 207-229.

Hugo G J. In and out of Australia: rethinking Indian and Chinese skilled migration to Australia [J]. Asian population studies, 2008, 3 (4): 267-291.

❺ HESA. Higher Education Statistics Agency [OL]. http://www.hesa.ac.uk/content/view/1897/239/ (accessed 30/04/14), 2014.

然而，自20世纪90年代末以来，"跨国"思维越来越受欢迎。❶这种思维承认当前是全球化的时代，在特定国家建立跨国网络可能比人力资本"存量"更重要。因此，专业人才移居海外对本国带来的贡献可能比他们永久迁回更大。随着对技术者社群网络的认识，许多社会科学家和国家决策者倾向于从"人才流失"的说法转向"科学侨民"❷或"人才环流"的概念❸。

研究人员还认识到，近段时间对于高等教育重要性的进一步强调，反映了我们在转向更以知识为基础的经济（可以说是教育的进一步商品化）。❹散居国外学术移民群体的全球性循环流动也是这个新方向的一部分。中国海外散居知识分子可以说是这些全球学术移民流动的一个子集。他们可以为科学合作和加强文化联系作出重大贡献，从而为高等教育国际化作出积极贡献。❺当然这种"新方向"也对我们人文地理学单一的空间和地方的概念提出了挑战。

由此而产生的全球化人才网络，以及它得以实现的多种途径，意味着散居国外的人才可以更加便捷地和母国沟通，这有助于缩小发达国家和发展中国家之间的科学差距。❻为了更好地阐释全球化人才网络，迈耶

---

❶ Vertovec S. Conceiving and researching transnationalism [J]. Ethnic and Racial Studies, 1999: 22（2）: 447–462.

❷ Séguin B, Singer P A, Abdallah S. Scientific diasporas [J]. Science, 2006, 312: 1603

❸ Saxenian A. Transnational communities and the evolution of global production networks: the cases of Taiwan, China and India [J]. Industry and Innovation, 2002, 9（3）: 183–202.

❹ Welch A, Zhen Z. Higher education and global talent flows: brain drain, overseas Chinese intellectuals, and diasporic knowledge networks [J]. Higher education policy, 2008, 21: 519–537.

Welch A R, Zhen Z. The Chinese Knowledge Diaspora, Communication Networks Among Overseas Chinese Intellectuals in Epstein D, Boden R, Deem R, Rizvi F, and Wright S eds [M]. World Yearbook of Education, 2008: 338–354.

❺ Hugo G. Some emerging demographic issues on Australia's teaching academic workforce [J]. Higher Education Policy, 2005, 18: 207–229.

❻ Meyer J P, Brown M. Scientific diasporas: a new approach to the brain drain [R]. World Conference on Science, Budapest: UNESCO ICSU, 1999.

Zweig D, Fung C S, Han D. Redefining the brain drain China's "diaspora option" [J]. Science Technology Society, 2008, 13: 1–33.

Meyer J B. Network approach versus brain drain: lessons from the diaspora [J]. International migration, 2001, 39（5）: 91–110.

第二章 全球一体化和教育：中英跨国教育和国际人才流动概况

（Meyer）和布朗（Brown）确定了几种有可能的社群网络：学生/学术社群网络；当地有技能的外籍侨民协会；通过联合国开发计划署（UNDP）的托克泰恩计划（TOKTEN）的人才库援助；海外散居知识分子/学者社群网络。

（1）学生/学术社群网络往往有助于人们出国留学和毕业之后更高效地融入高素质的劳动力市场。这种社群网络对于促进国家之间的知识传递非常重要。正如洛维（Lowell）和戈罗娃（Gerova）[1]所指出的，拥有美国博士学位的外国学者数量与其回祖国撰写的科学论文中包含美国合作者的多寡程度之间存在着强烈的正相关性。齐瓦（Choi）[2]也指出许多具有亚洲血统的美国籍学者与祖国一直保持密切联系，特别是与国内同事和机构保持着学术共享关系。这意味着，如果学术社群网络能帮助海外散居学者与其母国建立联系的话，它可以很有效地促进国际合作和学术交流。

从这个角度来看，旅居海外的高技能中国学者可以被视为潜在的学术资源，而不是个人人才流失的状况。然而一些研究人员也认为，对于中国海外学者来说，他们与国内同事和机构的密切关系是应该受到质疑的。例如，威尔士（Welch）和郑（Zhen）的研究表明，尽管所有受访者都和祖国保持着联系，他们在和大陆同行的专业接触中没有任何具体的合作或合作成果。该书受访者虽然描述了多种沟通渠道的可能性，但是也描绘了横跨在中外的复杂而不平衡的学术关系图。[3]

（2）在硅谷有经验的高技能科学家和技术人员为了创造更多所谓的"知识、资本和技术的复杂而分散的双向流动"[4]，帮助当地有技能的侨民协会建立起相类似的学术社群知识网络。例如，在硅谷的中国台湾知识

---

[1] Lowell L, Gerova S G. Diasporas and economic development: state of knowledge, Institute for the Study of International Migration, [R]. Washington: Georgetown University, 2004.

[2] Choi H. An International Scientific Community: Asian Scholars in the United States [M]. New York, Praeger, 1995.

[3] Welch A R, Zhen Z. The Chinese Knowledge Diaspora, Communication Networks Among Overseas Chinese Intellectuals in Epstein D, Boden R, Deem R, Rizvi F, and Wright S eds [M]. World Yearbook of Education, 2008: 338-354.

[4] Saxenian A. The new argonauts regional advantage in a Global Economy [M]. Cambridge: Harvard University Press, 2006.

分子创建了玉山科技协会。中国大陆知识分子创建了类似的援华科学技术协会。❶

（3）TOKTEN 计划是通过侨民回原籍国传授知识而缩短"南北差距"的开拓性方案之一。TOKTEN 计划协助居住于国外的外籍人士回原籍国短期工作，这样他们不必纠结于永远离开优渥的旅居国环境，同时也可以轻易实现时不时回国探望的想法。随后，国际移民组织于 2000 年也以一个叫"促进非洲发展的移民方案"（MIDA，法文为 Migrations pour le Dévelopment en Afrique）的新方案取代了其先前的非洲永久返回方案。MIDA 方案强调了临时、定期返回甚至"虚拟"返回（远程交流和在线教学）的重要性。❷ 这种临时性不一定代表着交流效果不好，因为相关移民的这种临时性的返回往往不是一次性的："没有什么比临时移民更持久的了。"

（4）散居国外的知识分子建立起的海外散居知识分子或学者社群网络，是全球流动性增加的重要表现和跨国社群网络的一部分。关于散居国外的知识分子可能为原籍国产生积极的外部效应的假设可能不仅在知识传播方面，在其他领域也是如此。尤其是知识分子散居到更民主的社会可能对原籍国的社会、经济和政治机构产生积极影响（通过演讲、发表论文或出版书籍）。此外，他们可能传播所在国普遍存在的新思想和行为。例如，他们可能影响原籍国对家庭结构的看法，从而影响这些国家的生育率。

三、中英两国学者人才吸引政策近况的比较

前面两节提到中国和英国在全球教育一体化中扮演的重要角色以及全球跨国人才流动概念的转变，本节我们将继续讨论细分到英国和中国这两个国家，他们又分别出台了什么样的政策来促进人才的流通和回归呢？

21 世纪初，中国推动了广泛而全面的吸引人才计划。2008 年 12 月，

---

❶ Welch A R, Zhen Z. The Chinese Knowledge Diaspora, Communication Networks Among Overseas Chinese Intellectuals in Epstein D, Boden R, Deem R, Rizvi F, and Wright S eds [M]. World Yearbook of Education, 2008: 338-354.

❷ Xiang B. Structuration of Indian Information Technology Professionals [J]. Migration to Australia: an ethnographic study, international migration, 2001, 39: 73-88.

第二章 全球一体化和教育：中英跨国教育和国际人才流动概况

中央组织部中央人才工作协调小组启动了招聘高素质海外人才方案（也称"千人计划"）。其目的是在5至10年内向中国引进约2000名世界领先的科学家和专家，以提高中国的研究和创新能力。这是一项有着空前规模投入的计划。协调小组委员会主要由中央组织部和人力资源部社会保障部组成，另有18个资源丰富的国家级部委和委员会加入其中，包括中宣部、教育部、科技部、外国专家局、国家发展和改革委员会、国务院国资委等。

2010年12月国家宣布了青年版的"千人计划"，其主要面向年青一代的学者（以35岁作为年龄上限，而非55岁）。同时，中央有关部门还出台了各种优惠政策，支持受教育程度相对较低的海归回国创业。❶ 其他各部委也启动了新的计划或修订了现行政策，以鼓励更多的高素质人才回国。例如，在2011年，教育部修订了《长江学者方案》，试图与西方学术界约200名教授级学者签订合同❷。原国家海洋局❸宣布计划在第十二个五年计划期间（2011—2015年）招聘约100名拥有西方大学博士学位的青年学者❹。

地方政府也为提高研究能力、创新能力和经济作出了相当大的努力。四个直辖市（北京市、重庆市、上海市和天津市）都提出了本城市的"千人计划"，旨在吸引受过西方教育的人才为经济发展作出贡献。在28个省和自治区中，已有20多个将吸引海外人才作为未来几年的目标。数万个岗位向中国高技能移民者开放，其中浙江省和山东省正计划引进共计1万名归国人才，以刺激当地经济发展。❺ 另外，各个大学在招收国外学者

---

❶ 见中华人民共和国中央人民政府官方网站http://www.gov.cn/zwgk/2011-04/14/content_1843836.htm（2011年4月14日）。

❷ 关于2011年修订版的长江学者计划，请参见官方网站：http://www.changjiang.edu.cn/news/16/16-20070319-136.htm（2013年6月25日）。

❸ 国家海洋局是国土资源部下属的行政机构，于1964年成立，负责领海和沿海环境保护的监督管理，保护国家海洋权益，组织领海的科学技术研究。2018年3月，机构职责整合，组建中华人民共和国自然资源部、生态环境部、国家林业和草原局。不再保留国家海洋局。

❹ 关于原国家海洋管理局的招募计划，请参见：http://www.1000plan.org/qrjh/channel/312（2013年6月25日）。

❺ 关于直辖市、省、自治区的人才吸引计划，请参见：http://www.1000plan.org/qrjh/section/4（2013年6月25日）。

方面也拥有更多的自由。

青年"千人计划"以及各种省级单位级别的人才计划在全国范围内的实施，为吸引学术人才带来了新的战略趋势。这些变化使得越来越多的学者都能够找到各自所符合的"计划"。首先，关注点从世界领先的学者（通常是50多岁）扩展到更年轻一代的学者，年青一代的学者通常更渴望成功，通常更能适应新环境，当然对中国来说也更经济划算。其次，更关注相对较低的人才阶层。与那些已经在世界知名实验室或研究中心拥有令人满意职位的精英同事相比，相对较低的人才阶层对自己的职业前景不那么确定，因此将拥有更高的流动性。再次，由于海外人才的征聘工作已委派给各部级和省级，因此已有了更多的中级方案来容纳这些新一代返回者。最后，为了使外来知识分子的构成均衡，许多人才引进项目，特别是由教育机构开办的项目，也开始涉及人文和社会科学等"软科学"领域。这使该计划开辟的路线也对非"硬科学"学者开放。综上所述，在"千人计划"之后引进人才的新趋势使越来越多的中国学者可以选择回国。

相比之下，英国移民政策的调整令年轻研究生在英国追求长期事业变得越来越困难。2008年3月，高级技术移民计划（HSMP）被Tier 1积分移民制度所取代。新的积分签证制度（事实上早在2006年11月就在HSMP下实行）显示，他们强烈倾向于年轻（28岁以下）、全职就业和高薪（高于英国平均收入）的申请人。是否拥有高学历并没有特别大的区别（学士学位30分，硕士学位35分，博士学位45分）。此外，自2012年4月以来，英国结束了PSW签证，这使得大学毕业生在英国定居变得更加困难。对于那些已经在英国大学和研究机构获得一席之地的幸运儿来说，他们也有值得担忧之处。由于英国的科研经费自2010年以来经历了预算削减，这对英国的研究领域是一个沉重的打击，从而迫使许多研究人员，尤其是中国的研究人员重新思考他们的未来。

对比中英两国人才政策的发展趋势我们不难发现，中国的人才政策在覆盖范围（国家和地方）和年龄结构上都更为广泛（表2-2）。因此，这些新政策将影响学者个人在其学术生活的不同阶段对移民或回归的选择，并以同样的方式，有意识或无意识地实现跨洋文化资本的生产和交换。后面的章节将以更多的实证细节继续讨论这一点。

表 2-2　中英两国对高技能人才政策的主要区别

比较项目	国家	
	中国	英国
主要要求	西方学位；职称；学术成果	全职工作和高薪
年龄组别	55岁以下的教授； 35岁以下的年轻学者	28岁以下的毕业生
成就	资深和资历较浅的，但具有国际经验	（与教授相比）资历较浅的，但专业人员紧缺
政策多样性	国家和地方人才政策方案	国家高级技术移民计划
学科	理工科；社会科学	理工科

第三章　跨国主义、学者流动和文化适应

作为全球化的直接产物，跨国主义的概念在学界达到了一定的传播强度。[1]跨国主义的概念提供了一个有用的理论框架，使跨国性质的人口流动及其得以实施的社会大背景成为学术热点。格利克（Glick Schiller）等人用"跨国主义"一词来描述"一种特殊社会进程的出现。在这一进程中，移民者建立了跨越地理、文化和政治边界的社会场域"。跨国主义的核心要素是移民在原籍国（母国）与定居国（东道国）之间所建立起来的社会关系。[2]对于爱娃荣格（Aihwa Ong）而言，"跨国性"是包括文化联系、社群网络和跨界流动等复杂关系的总和。[3]在跨国主义定义的基础上，移民有其自身的复杂性，在讨论次群体现象的时候，不能仅仅与各国国家政策差异挂钩，也不能以偏概全地被概念化为"同化、融合或多元文化主义"。相应地，跨国机构对"权力关系、文化建设、经济互动和社会组织"的影响很大[4]，这应该在讨论跨国主义的文章中得到更多的强调。本书研究内容不仅响应了他们的呼吁，以跨国机构为观察背景来讨论学术移民的生活

---

[1] Guarnizo L E, Smith M P. The locations of transnationalism [J]. Transnationalism from below, 1998, 6: 3–34.

[2] Nina Glick Schiller, Linda Basch, Cristina Blanc-Szanton. Transnationalism: A New Analytic Framework for Understanding Migration[J]. Annals of the New York Academy of Sciences, 1992, 645（1 Towards a Tra）: 1–24.

[3] Ong A. Flexible citizenship [M]. Durham NC. Duke UP, 1999.

[4] Guarnizo L E, Smith M P. The locations of transnationalism [J]. Transnationalism from below, 1998, 6: 3–34.

状况，也回应了他们所提出的推进跨国研究方法的建议。本书使用的日记访谈研究方法，主要侧重于对个人的跨境学术实践的观察，是对跨境移民研究的多样化尝试。

值得注意的是，由于近年来政府对高技能人才的国际流动产生兴趣（如第二章所述），学术圈也对此开展了一系列研究，这些研究基本上都借鉴了全球化和跨国主义的研究理论框架。前一章进一步提到，高等教育的国际化进程导致了学术移民的跨国流动，有很多学者对此也进行了分析。❶由此，高技术移民和跨国主义之间的联系在学术移民与跨国教育机构的主题内被更加细致地进行探讨。❷本研究就属于这一类别。本研究密切关注于学者的跨国流动动向，这种流动既可以归因于西方大学在国际上的教育扩张（英国学者的学术流动），也可以归因于西方精英大学的"磁力"，即吸引国际员工来增强它们的学术实力（中国学者的学术流动）。❸

本章将更侧重于分析，在跨国主义大背景下，不同学术移民群体在面临海外不同的学术挑战之时的表现差异和应对方法。在简要回顾跨国主义、跨国教育机构和学术移民流动概况之后，我们接着讨论国际学术移民所面临的主要挑战。具体而言，我们将这一范围缩小到中国和英国学术界的学术文化"差异"，也就是说，本章将阐述不同的教学文化（这些千差万别的教学文化与学术移民的主要挑战实践之一——"课堂教学"密切相关）。当然，本章内容也和学术资本积累相关，它将阐述来自不同教育领域的学术移民如何应对当前的跨国现实，以及如何在此过程中积累他们的跨国学术资本。

---

❶ Kim T, Locke W. Transnational academic mobility and the academic profession [R]. Centre for Higher Education Research and Information, London: The Open University, 2010.
  Poole D, Ewan C. Academics as part time marketers in university offshore programs: an exploratory study [J]. Journal of higher education policy and management, 2010, 32: 149-158.

❷ Hoffman D M. Changing academic mobility patterns and international migration: What will academic mobility mean in the 21st century? [J]. Journal of Studies in International Education, 2009, 13: 347-364.

❸ Bennion A, Locke W. The early career paths and employment conditions of the academic profession in 17 countries [J]. European review, 2010, 18: 1-7.

一、流动概况

（一）在中国的国际分校成为英国学者的流动载体

跨国教育并不是最近才出现的现象。作为其国际化战略的一部分，越来越多的大学在海外设立分校。2014年，世界各地的分校数量增加到202所。其中，77所是由美国机构发起的，28所由英国机构设立，18所由澳大利亚的大学设立。[1]其中，英国将促进跨国教育作为国家战略的一部分，中国是它的主要目标国家。2015年，英国高校在中国共设立了12所分校。[2]

当然，英国高校在中国建立国际分校（IBCs）的目标不尽相同的原因主要包括创造经济收入、加强国际品牌认知度、通过与东道国的毕业生和企业的接触来吸引"软实力"等。

从各个教育机构的层面来看，大学常务委员会通常会提出一些纯粹的教育动机，如非营利、寻求平衡、追求卓越。但是，法加克里（Fazackerley）认为，"由于大学高层制定的国际策略的保密性，导致学界和媒体缺乏关于这种跨国教育合作的确凿内部信息，不可避免地产生了比较多的相关负面猜测"。[3]

起初，英国教育机构将中英合作关系视为一项大胆的风险投资，因为在某种程度上，"英国当局对于各国教育体系之间和合作机构内部之间的差异仍保持着相对谨慎的态度……海外分校是个冒险举动"。[4]宁波诺丁汉大学创办人格瓦（Gow）明确地指出，在中国建立海外分校的风险非常大。如果英国教育机构没有做好充分准备，以应对与中国政府谈判和管理国际大学先驱模式等未知挑战，中国会从合资教育企业中相对而言获得更多好处，从而可能成长成为未来的有力竞争者。[5]

---

[1] C-BERT，2014.

[2] MOE，2015.

[3] Fazackerley A, Worthington P. British Universities in China: the reality beyond the rhetoric [R]. Agora: The forum for culture and education, London: Agora, 2007: 3.

[4] Fazackerley A, Worthington P. British Universities in China: the reality beyond the rhetoric [R]. Agora: The forum for culture and education, London: Agora, 2007: 52.

[5] Gow, Fazackerley A. British Universities in China: the reality beyond the rhetoric [R]. Agora: The Forum for Culture and Education, 2007.

第三章　跨国主义、学者流动和文化适应

正如前面所提到的，关于跨国教育机构发展的内部资料暂时很难获取，目前的文献宏观性更强。例如，文献更侧重于针对IBCs监管和国际教育发展的讨论，或是对IBCs的管理绩效和存在的主要问题等方面的全面分析。有几篇文章探讨了在特定国家建立的IBCs，如马来西亚和阿拉伯联合酋长国；或从大洲层面出发来探讨IBCs，如非洲和拉丁美洲。❶但无法回避的是，微观机构中的实践产生的问题才是真正引导跨国教育机构未来走向的关键问题。2007—2017年的文献有一些有关于人员配置问题的研究。萨尔特（Salt）和伍德（Wood）建议需要改变目前招聘员工的方式，因为仅仅基于临时借调、商务旅行、国际员工招聘和电子通信相结合的人员流动形式，将无法维持英国大学一贯以来采用的以质量保障为前提的教育商业模式。此外，他们认为IBCs是介于商业跨国企业（MNEs）和教育咨询部门之间的机构。因为对两者来说，产品都是概念化的，如知识，而不是一般公司生产的具体的商品。❷因此，IBCs的管理可以向已经拥有成熟国际战略的跨国公司学习，从而更加有效地调动和管理包括专家教授在内的跨国学术移民。他们认为，跨国公司使用的国际化招聘可能是未来IBCs招聘战略的方向。然而，IBCs在中国的角色可能与普通跨国公司不同。在中国，IBCs的形象与英国教育的原汁原味密切相关，中国的学生家长通常不愿意在IBCs里听一位"亚洲面孔"的专家带来的讲座：他们会觉得为此而花高于一般国内大学几倍的价钱是不值得的。所以，中国政府要求IBCs中应当有大量的非本国员工，尤其是教师。❸因此，国际招聘不可能是真正的"国际化"，招聘仍然主要集中在"白人"跨国学者。此外，英国IBCs一般更接受从"本国"机构派遣的国际员工（即使是中国学者也是要有在英国本

---

❶ Shams F, Huisman J. The role of institutional dual embeddedness in the strategic local adaptation of international branch campuses: evidence from Malaysia and Singapore [J]. Studies in Higher Education, 2014, 9 (10): 1—16.

❷ Wood P, Salt J. Staffing UK Universities at International Campuses[J]. Higher Education Policy, 2017 (3): 1—19.

❸ Fazackerley A, Worthington P. British Universities in China: the reality beyond the rhetoric [R]. Agora: The forum for culture and education, London: Agora, 2007: 52.

土大学工作过的经历才符合要求）；所以，理论上来说，英国 IBCs 在东道国（中国）几乎没有必要严重依赖于国际征聘。当然，本研究得出的结论并非如此，由于从英国本部来的派遣人员人数没有办法跟上学校扩张的速度，在中国的英国血统的 IBCs 还是要通过国际招聘来达到人员的供需平衡，而这必将影响到英国高校引以为荣的教学质量。这个问题将在下面章节作进一步实证讨论。

本研究发现，现有大部分研究也没有具体考虑到学术移民和招聘政策的潜在变化之间的关系（他们只采访管理者）。因为事实上，招聘政策的制定参考和变化需要来自管理者与学者双方的声音。所以本书最后的实证章节主要关注的是介于官方宣传所建立的"高大上"的学校形象与英国学者在"现实"教学和研究中所面临的真正日常挑战（这能改变他们的跨国学术轨迹，也就是去留问题）之间的差距，大部分和 IBCs 相关的现有文献似乎很少注意到这一点。本书通过对这一问题的研究，可以让我们更加深入地了解跨国学者所面临的困难和相关解决方案。这也对于阐释英国学术移民在跨国过程中的流动动机具有一定的指导意义。

（二）国际学生流动

2005—2015 年，学生移民急剧增加，并已成为当代国际流动移民的主要移民群体之一。[1] 据估计，至 2015 年全世界约有 160 万名国际学生。[2] 自然而然地，关于国际学生流动的文献也显著增加。[3] 关于国际学生流动

---

[1] Bhandari R, Blumethal P. Global Student Mobility in International Institute for Education, Higher Education on the Move [M]. New York: Peter Lang, 2009: 1–15.

[2] Altbach P. Knowledge and Education as International Commodities [J]. International higher education, 2015 (a): 28.

Altbach P. Why Branch Campuses May Be Unsustainable [J]. International higher education, 2015 (b): 58.

Altbach P. Perspectives on Internationalizing Higher Education [J]. International higher education, 2015, (c): 27.

[3] Solimano A. The International Mobility of Talent [M]. Oxford Oxford University Press, 2008.

Varghese N. Globalization of higher education and cross border student mobility [R]. Paris: International Institute for Education Planning, 2008.

Williams A, Balaz M. International Migration and Knowledge [M]. London: Routledge, 2009.

性的针对性研究已经慢慢在"学分共享"（短期交流）等方面展开，如欧洲 Erasmus 计划。❶但总体而言，关于留学生怎样获得学位的海外留学经历研究还是占主导地位。目前大多数此类研究都有助于了解国际学生怎样通过"流动"去融入全球一体化、教育机构扩张和各国社会差异等因素所建构起来的复杂关系中去。❷

一些学者还进一步认为，国际学生流动不仅涉及融入和同质化，还能够直接反映个人特殊性，因为它是个人决定的结果，如社会阶层、语言和个性等因素都能促成他们的国际流动，同时，他们的个人特性也会随之产生改变。❸当然，国际学生流动除了由社会阶层决定，还决定于教育体系的国际化❹，对全球日益激烈的经济和人才竞争❺，以及文化资本的地域分布决定的❻。例如，诺布尔（Noble）和戴维斯（Davies）研究表明，通过教育形式呈现出来的文化资本往往是决定社会包容或社会排斥的关键因

---

❶ King R, Ruiz Gelices E. International student migration and the European year abroad [J]. International Journal of Population Geography, 2003, 9: 229-252.

Byram M, Dervin F. Students, Staff and Academic Mobility in Higher Education [M]. Newcastle: Cambridge Scholars Publishers, 2008.

❷ Brooks R, Waters J. Social networks and educational mobility globalization [J]. Societies and education, 2010, 1(1): 43-57.

Edwards R, Usher R. Globalisation and Pedagogy [M]. London, Routledge, 2000.

Gulson K, Symes C. Knowing one's place in Gulson K and Symes C (eds), Spatial theories of education [M]. London: Routledge, 2007: 1-16.

❸ Dreher A, Poutvaara P. Student flows and migration [R]. CE Sifo Working Paper, Konstanz, 2005.

❹ Yang R. Globalization and higher education [J]. International review of higher education, 2003, 49: 269-291.

Teichler U. The changing debate on internationalization of higher education [J]. Higher Education, 2004, 48: 2-26

❺ Kuptsch C. Students and talent flow the case of Europe [C]. Kuptsch. C, Pang. E. Competing for Global Talent ILO [M]. Geneva, 2006: 33-62.

❻ Ong A. Flexible citizenship [M]. Durham NC. Duke UP, 1999.

Murphy Lejeune E. Student Mobility and Narrative in Europe [M]. London, Routledge, 2002.

Waters J L. Geographies of cultural capital: education, international migration and family strategies between Hong Kong and Canada [J]. Transactions of the Institute of British Geographers, 2006, 31(2): 179-192.

素。[1] 根据沃特斯（Waters）的数据，越来越多的中国家庭正寻求通过将下一代送到国际精英大学来最大限度地保存和扩大他们的文化资本。[2]

还有人指出，国际学生流动性研究应当将三个领域（家庭、学校和劳动力市场）通过时间维度和空间维度联系起来进行分析，而不是片面陈述一次简单的有头有尾的移民"事件"。[3] 从这个意义上来说，国际学生流动，作为众多"新流动"之一[4]，正在重塑当代"接待社会"和"母国社会"。它不仅是全球化背景下通过高等教育来加剧社会等级分化的重要手段[5]，也引发了一些问题，例如，高等教育的国际化造成的全球劳动力市场供需不平衡[6]。

有研究着眼于分析学生出国留学的一些关键动机。也许，关于国际学生流动最有趣的发现之一是，各国学生在国内教育体系中的失败（或对失败的预期）常常促使他们决定出国留学。[7] 然而，"失败"一词在不同的情况下有不同的含义。对一些人来说，这可能意味着无法进入任何国内大学；而对另一些人来说，这可能意味着被国内最优秀的高等院校拒之门

---

[1] Noble J, Davies P. Cultural capital as an explanation of variation in participation in higher education [J]. British Journal of Sociology of Education, 2009, 30: 591–605.

[2] Waters J L. Geographies of cultural capital: education, international migration and family strategies between Hong Kong and Canada [J]. Transactions of the Institute of British Geographers, 2006, 31（2）: 179–192.

[3] Findlay A M, King R, Smith F M, et al. World class? An investigation of globalization, difference and international student mobility [J]. Transactions of the Institute of British Geographers, 2012, 37: 118–131.

[4] Urry J. Mobilities Polity [M]. Cambridge, 2007.

[5] Marginson S. Van Der Wande M. Globalisation and higher education [R]. Education working group paper 8, Paris: OECD, 2007.

[6] Findlay A M, King R, Smith F M, et al. World class? An investigation of globalization, difference and international student mobility [J]. Transactions of the Institute of British Geographers, 2012, 37: 118–131.

[7] Brooks R, Waters J. International higher education and the mobility of UK students [J]. Journal of research in international education, 2009, 8（2）: 191–209.

Findlay A M, King R, Smith F M, et al. World class? An investigation of globalization, difference and international student mobility [J]. Transactions of the Institute of British Geographers, 2012, 37: 118–131.

外。❶当然，在国内和国际体系中取得的"全面胜利"的极其优秀的学生，也有极大可能因为学校和环境等原因选择跨国生活，而不是留在国内。一些优秀的学生，尤其是那些想读研究生的学生可能会成功地一手拿着国内的录取通知书，另一手拿着几份国际录取通知书。所以，对他们来说，出国留学就像站在一个有很多选择的十字路口上。

当然，国际学生的流动并不止步于海外之旅，还包括了返程。一些研究人员指出，往往当他们把国际文凭带回家后，他们身上文化价值就兑现了；他们与在当地受教育的毕业生一起竞争工作岗位十分常见，而且，较早的研究表明，这种竞争结果通常是以海外胜利告终的。❷中国海外归国人员过去被称为"海龟"；但近些年来，他们也被称为"海带"。这是个文字游戏："龟"（"归"）意思是"返回"，但它还有一个延伸含义，"带着荣誉回家"；"带"（"待"）意思是"等待"，并有另一重"等待工作"的意义。总体来说，近年来中国"海归"的形象已经发生了很大的变化，并不是所有的"海归"都能以他们的国际文凭找到一份体面的工作。造成这种现象的主要原因有两个：一是在前面提到的在国内教育体系内的所谓"失败"之后，一些家庭条件比较好的学生在海外期间对"花钱"（购买奢侈品）感兴趣，而没有在留学期间获取足够知识。很显然，他们在中国找到一份好工作极大可能是通过富有的父母建立的"关系"（中国的人情网络），因为他们的国际文凭里没有蕴含应当具备的资本和资源。二是"海待"们在面试过程中高估了自己国际文凭的价值，要求相对较高的薪水。而实际上由于他们对当前中国国内形势缺乏了解，这往往是无法实现的。简言之，一部分中国"海归"生活在尴尬的境地，不可避免地要在东西方世界之间进退维谷。❸

---

❶ Waters J L. Transnational family strategies and education in the contemporary Chinese diaspora [J]. Global Networks，（2005）5：359-378.

Waters J L. Geographies of international education：mobilities and the reproduction of social（dis）advantage：geographies of international education [J]. Geography Compass，2012，6（3）：23-36.

❷ Waters J L. Transnational family strategies and education in the contemporary Chinese diaspora [J]. Global Networks，（2005）5：359-378.

❸ Chen Y. The limits of brain circulation：Chinese returnees and technological development in Beijing [J]. Pacific affairs，（2008）81：195-215.

（三）跨国学术流动的新模式：新机构和新群体

总体来说，"以前零星的、特定的和有限的国际学术联系似乎变得越来越系统化、密集化、多样化和跨国化"。❶ 国家政策、跨国机构的实力正与个人因素结合起来，创造跨国学术流动的新模式。❷ 本研究跳脱出讨论得比较成熟的海外留学生群体，转而讨论中国和英国流动学者群体。本研究中，英国学者的全球移动属于由全球教育机构扩张所促成的"新的跨国流动模式"（当然，和以前的模式不同，当时英国学者在殖民期间和之后出国，一般去加勒比地区或撒哈拉以南的非洲）；而中国学者的流动可以由个人推动，也可以由机构组织（孔子学院的语言教师、访问学者、博士后研究人员等）或由政策决定。

二、将跨国主义与学术流动联系起来

有关跨国主义和国际学术移民的文章大多来自教育领域。❸ 目前还没有针对大学学者跨国流动的全面（或深入）的调研。除受到媒体关注的外国高级学术领军人物外，人们对国际学者的生活经历知之甚少。法力（Fahey）和科威（Keway）建议可以将现有的研究归类为认识论、本体论或伦理范式。❹

在认识论层面，现有的文章启发人们进一步考虑知识和学术移民之间的联系。例如，金明（Kim）以英国为主要案例，认为世界各地的学术移民流动性正在加强。在西美尔空间社会学的启发下，她提出和运用"跨国身份资本"的概念讨论跨国流动的学术知识分子作为"陌生人"的跨国资

---

❶ Kim T. Transnational academic mobility, knowledge, and identity capital [J]. Discourse: Studies in the Cultural Politics of Education, 2010, 31（5）: 456-477.P: 400.

❷ Kim 提出了三种类型的流动学术：跨国"学术知识分子"、流动"学术专家"和流动"学术管理者"。

❸ Fahey J, Kenway J. International academic mobility: problematic and possible paradigms [J]. Discourse: studies in the cultural politics of education, 2010, 31（5）: 563-575.

❹ Fahey J, Kenway J. Thinking in a 'worldly' way: mobility, knowledge, power and geography [J]. Discourse: studies in the cultural politics of education, 2010, 31（5）: 627-640.

本积累过程。为了说明这一概念,金明根据学术移民的自我认同,分析出了三种类型的移动学者:"学术知识分子""学术专家"和"管理学者"。❶随后,她专注于研究跨国"学术知识分子",并探讨了跨国流动的学者与他们的知识或资本积累之间的关系。

在本体论层面,目前的研究让人们关注作为一名学术移民意味着什么,并提供了对这些学术移民的个人生活的观察,他们作为一个群体在内部是怎样分类,以及通过什么积累资源而产生差异性的。例如,李曼(Leemann)侧重于鉴别影响博士后阶段跨国学术流动的个人因素和体制因素。她根据四种不同的学术移民群体,确定了四种不同的流动模式。❷由此她表明,在探讨跨国学者学术职业道路的地理流动性之前研究者们会涉及一个清楚的学术移民分类过程,要弄清楚是哪种学术移民流动情况才好有的放矢地进行实证分析。这就意味着我们所说的学术移民是一个复杂的概念,它可能会受到性别、合作关系、双重职业、社会阶层和当地学术融合程度的影响。从理论上讲,这些元素可以在很大程度上决定"跨国社会资本"积累中的平等或不平等,而这归根结底与学术移民通过跨国流动确立他们在学术界的地位有关。

在伦理层面,研究结果表明,学者们需要对学术移民的政策、推动这些政策的全球化背景以及当代国际大学具有更加清醒和批判性的认识。❸"人才流失和人才引进"的负面影响和弊端在跨国主义时代得到了更充分的体现,在全球和各区域范围有如此多的明显问题,并且在"国家利益"的限制下它们无法得到有效解决。辛格(Singe)和格列格(Gregg)

---

❶ Kim T. Transnational academic mobility, knowledge, and identity capital [J]. Discourse: Studies in the Cultural Politics of Education, 2010, 31(5): 456–477.

❷ 一是"没有来自国内合作关系和家庭关系对于流动性的阻碍"的学者。二是"把所有的鸡蛋放在一个篮子里"的学者。三是认为跨国学术发展是件"不可能的事情"的学者。四是"有国内合作关系和家庭关系"的学者(Leemann, 2010: 620)。

Leemann R J. Gender inequalities in transnational academic mobility and the ideal type of academic entrepreneur [J]. Discourse: studies in the cultural politics of education, 2010, 31(5): 605-625.

❸ Fahey J, Kenway J. The ethics of national hospitality and globally mobile researchers [C]. Apple M, Ball S, Gandin L A. International handbook of sociology of education [M]. London: Routledge, 2010: 48-57.

关于国家如何在全球化过程中扮演实体角色的讨论中提到了澳大利亚，由此特别批评了狭隘的国家利益概念，并强烈建议澳大利亚要"从一个更广泛、更长远的角度看问题"，以促进"国际关系和全球合作的伦理框架"。❶ "全球合作框架"可能是他们觉得在不诉诸严格民族主义意识的情况下，来调动一切可调动的侨民情感的一种方式。❷ "跨国有化"的实施，特别是在高等教育方面越来越紧迫。因此它现在经常在高等教育机构的战略计划和政策议程中被列为优先事项❸，尽管这更多是出于经济需要，而非伦理原因。

三、学术文化适应：最大限度地减少跨国学者之间的差异？

学术文化适应的概念最初是指学生在东道国适应新的学术环境，并与当地学术文化相适应和相融合的过程。然而，很少有研究试图让学者这个群体参与进来。❹ 所以，当涉及国际学术界总体人群时，需要重新定义学术文化适应的概念。

蒋（Jiang）等人通过运用学术文化适应的概念，研究了中国学术人员在学术文化适应过程中的经验，探讨了如何促进英国高等教育的学术文化适应。他们将"学术文化适应"定义为："一个人成为一个群体的一部分（例如机构、部门等）并与其成员融合的过程，并且，就教师群体来说，同时可能在教学、科研、管理、政务、指导等学术实践中，以自己的生活经验和学术专长影响到东道国群体。"❺ 理解这一定义的难点是怎样划分群体

---

❶ Singer P, Gregg T. How ethical is Australia? An examination of Australia's record as a global citizen [M]. Melbourne, Black Inc, 2004: 43.

❷ Fahey J, Kenway J. Thinking in a "worldly" way: mobility, knowledge, power and geography [J]. Discourse: studies in the cultural politics of education, 2010, 31 (5): 627–640.

❸ Marginson S. Van Der Wande M. Globalisation and higher education [R]. Education working group paper 8, Paris: OECD, 2007.

❹ Robson S, Turner Y. Teaching is a co-learning experience: academics reflecting on learning and teaching in an internationalized faculty [J]. Teaching in higher education, 2007, 12 (1): 41–54.

❺ Jiang X, Napoli R D, Borg M, et al. Becoming and being an academic: the perspectives of Chinese staff in two research intensive UK universities [J]. Studies in Higher Education, 2010, 35 (2): 155–170, 150.

第三章　跨国主义、学者流动和文化适应

的范围，这不能光凭文化差异或者是国籍的差异来划分。因为不同学者群体和他们的文化差异在定性研究中并不是可以武断划分的独立项目（只可能粗略划分），我们还应当把他们的跨国生活经验和国际化的学术专长等因素考虑进去。❶例如，一个完全没有国际学术经验的年轻学者和一个奔波于各个国家的跨国学术专家，即使是同样的国籍，在同一个国外大学工作时的表现是不尽相同的，他们是不能被简单归类、划分到一起的。

许多研究人员已经指出，要谨慎对待已有研究结论。第一，统一群体的研究结论会随时间和地点变化。例如，每个学术移民作为一个新人的时候，慢慢或多或少会融为当地学术文化中的一部分。但值得注意的是，这只是一个过渡过程，他们以后积累了更多的学术资本或者是去了另外的国家还会发生其他改变。❷第二，分类不同的学术移民群体将会有不同的"在地学术体验"，所以对单一群体的有针对性的研究结论不一定适用于其他移民群体。第三，学术文化的概念过于模糊，在不同的背景下可能会有不同的解释。例如，不同国家的学术文化不同，同一国家不同教育机构的学术文化也不相同。从这个意义上说，我们可以认为，在本研究中（定性研究），学术移民的文化适应与传统移民研究中笼统的文化适应概念是非常不同的。因为我们发现会影响研究结论的因素是非常多样化的，要具体情况具体分析。

从群体层面来看，本书研究重点是考察学术文化适应是一个单向变化的过程（从客文化到主文化）还是双向变化的过程（客文化和主文化之间）。蒋等人的受访者中，很少有人觉得自己改变了东道国群体；相反，他们描述了为东道国群体做出了贡献或增加了多样性。然而，蒋等人的研究是基于来自英国两所研究型大学的8名受访者，研究结果可能与其他英国大学

---

❶ Jiang X, Napoli R D, Borg M, et al. Becoming and being an academic: the perspectives of Chinese staff in two research intensive UK universities [J]. Studies in Higher Education, 2010, 35（2）: 155-170.

❷ Barkhuizen G. Beginning to lecture at university: A complex web of socialisation patterns [J]. Higher education research and development, 2002, 21（1）: 93-109.

Trowler P R. Academics Responding to Change: New Higher Education Frameworks and Academic Cultures [M]. Buckingham, Open University Press/SRHE, 1997.

有所不同，他们对东道国文化的影响可能需要一段时间才能显现，因为"文化适应所带来的反馈可能会延迟"。所以有学者提出，我们需要对更多元化的国际学者或学生群体加以研究和观察，提出新的见解，从而我们才能更深入地了解国际学术人员对于东道国学术文化的影响。

从个体层面来看，在考虑学术文化适应的时候，应重视学科起到的统一性作用。现有文献指出，拥有多元文化身份的"东道国学术群体"的一个共同特点是他们的学科身份。[1] 显然，学科内的认同可以使学术文化适应的过程更加顺利。然而，有人却认为英国和中国在工程或科学等学科之间的差异，远小于社会科学等学科的差异，这一点也应当考虑进研究结论当中去。因此，在有关学术文化适应的研究中，都应明确学科文化和身份之间的同质化和差异性。[2]

现有的学术文化适应研究表明，英语语言熟练程度往往被认为是评估移民文化适应程度的主要标准。[3] 语言能力是文化适应过程中，特别是开始阶段最有利于学术移民融入当地文化的敲门砖。[4] 然而，蒋等人认为，影响国际学术工作人员文化适应的因素多种多样，语言是核心的观点多少受到质疑。随后，何世（Hsieh）提出，语言能力、社会交流模式和教育理念是影响学术文化适应的主要因素。[5] 本研究进一步认为，跨国教育中的学术文化适应对个体学者来说是一个不断促使其变化和创新的过程，而这个个体积累海外资本的过程可以改善跨国教学、科研和管理。

---

[1] Becher T, Trowler P R. Academic Tribes and Territories: Intellectual Inquiry and the Culture of Disciplines [M]. Buckingham: Open University Press, 2001.

[2] Jiang X, Napoli R D, Borg M, et al. Becoming and being an academic: the perspectives of Chinese staff in two research intensive UK universities [J]. Studies in Higher Education, 2010, 35 (2): 155–170.

[3] Zane N, Mak W. Major approaches to the measurement of acculturation among ethnic minority populations: A content analysis and an alternative empirical strategy [C]. Chun K M. Acculturation: advances in theory, measurement, and applied research [M]. Washington: American Psychological Association, 2002.

[4] Sercu L. Assessing intercultural competence: A framework for systematic test development in foreign language education and beyond [J]. Intercultural Education, 2004, 15 (1): 73–89.

[5] Hsieh H. Challenges facing Chinese academic staff in a UK university in terms of language, relationships and culture [J]. Teaching in higher education, 2012, 17 (4): 371–383.

四、学术文化差异与跨国学者所面临的挑战

大多数国际学者在新的教育环境中可能会面临许多挑战，因为他们不太可能熟悉东道国的学术规则、教学风格以及他们将要教授的大部分学生的特点，以及他们同事的学术风格和社交礼仪等。大量的文献分析了学术移民在国外的教学和研究过程中产生的问题，主要讨论了英语国家的学者在海外教学项目中遇到的挑战。[1]一些跨国教学的教师发现在工作过程中学校对他们的工作要求很高，他们感到孤独而又艰难。德维利诶（De Villiers）对前往英国的南非教师进行了案例研究，他发现，艰难的海外经历甚至导致他们对教学彻底失去了兴趣。[2]许多已经在英国从事教学工作的南非人回国后甚至选择离开教师行业。他们面临的学术困难包括：缺乏上岗培训课程；没有合格教师资格（QTS）和语言问题。然而，据德维利诶分析，大多数南非教师在英国的社会关系不错。他们不仅没有受到歧视，还与同事关系良好，在多种族班级的教学中也没有和学生产生冲突，在英国的教学经验或多或少提高了他们的教学能力。

卢克索（Luxon）和佩洛（Peelo）的一项针对英国一所大学非英国员工的研究发现，语言障碍不仅是一个日常交流和人际关系方面的问题，它还会对学术移民惯有教学风格产生影响，因为他们想通过改变教学方法来掩饰自己的语言短板。[3]蒋等（2010）提出中国教师在英国高等教育机构中所面临的三大挑战：①英国和中国的学术实践差异性，即学术规范不同；②学科特性，即不同国家的学科研究方法不同；③语言障碍和文化归属感

---

[1] Garson B. Teaching abroad: A cross cultural journey [J]. Journal of education for business July/August, 2005: 322–326.

Poole D, Ewan C. Academics as part time marketers in university offshore programs: an exploratory study [J]. Journal of higher education policy and management, 2010, 32: 149–158.

[2] Villiers R D. Migration from developing countries: The case of South African teachers to the United Kingdom [J]. Perspectives in Education, 2007, 25（2）: 67–76.

[3] Luxon T, Peelo M. Academic sojourners, teaching and internationalization: the experience of non-UK staff in a British university [J]. Teaching in higher education, 2009, 14: 649–659.

的缺失。❶ 在蒋等人研究的基础上,何世的研究调查了在英国的华裔学术人员所面临的挑战,探讨英国高等教育机构如何为他们提供更好的支持,以满足他们在语言、人际关系和文化方面的需求。❷

五、不同文化中学术实践的差异性

(一)教学与研究

在教学和研究方面,不同的国家或机构有着不同的要求。学者们在本国教育体系中有着各自的责任,而换一个国家却并非如此。例如在英国,学者们往往把教学和研究都作为自己的职责;然而在南非,教师们认为教学和研究是他们学术中的两个分支,他们觉得教学角色和研究角色应该是被相互单独对待的。❸ 同样,正如蒋等人指出,有些中国大学的教职工可能应该把更多的精力放在教学上,而不是研究上;或者应该放在研究上而不是教学上。而在英国,学者们往往要时刻跟上研究的步伐,这种生活方式可能会导致压力或疾病。

然而,学术界对教学和研究的不同重视程度也不完全取决于国家,而是由机构规定的。也就是说,并不是所有的中国大学都更注重教学而不是研究,反之亦然。因为中国的学者仍然面临着发表一定数量的著作以促进学术发展的压力。中国的晋升标准导致学者如果只专注于教学,就不大可能获得晋升。这可能是学校特别是好的学校,为了跟上全球科研评分标准的结果。中国也正在经历快速的变化,西方的研究实践可能正在影响着中国。❹ 在一些研究型机构中,学者尤其是教授,只专注于研究而不从事任

---

❶ Jiang X, Napoli R D, Borg M, et al. Becoming and being an academic: the perspectives of Chinese staff in two research intensive UK universities [J]. Studies in Higher Education, 2010, 35 (2): 155–170.

❷ Hsieh H. Challenges facing Chinese academic staff in a UK university in terms of language, relationships and culture [J]. Teaching in higher education, 2012, 17 (4): 371–383.

❸ Villiers R D. Migration from developing countries: The case of South African teachers to the United Kingdom[J]. Perspectives in Education, 2007, 25 (2): 67–76.

❹ Swales J M. Research Genres: Explorations and Applications [M]. Cambridge, Cambridge University Press, 2004.

何教学活动。

在导师指导制度方面,蒋等人指出,英国和中国在博士生招生与管理方面存在差异。英国大学更注重博士生的个人素质,而不是数量。因为在英国,讲师开始能够监督硕士生和博士生,挑选人数少而高质量的学生不仅不会占用他们大部分时间和精力,还可以大大提高他们的研究产出。而在中国,一个导师可能同时指导10~20名学生,因为在中国只有教授才有资格指导博士生。这与英国形成了鲜明对比。

1. 独特的教学文化

根据现有文献[1],中英两国在教学上的基本区别在于,在中国,教师为学生讲授具体的知识;而在英国,教师鼓励学生自己研究课题。在教学方面,相对于西方教育体系中使用的演绎和分析,儒家文化更推崇归纳和总结。[2]这种教学方法的差别导致很多中国留学生"水土不服"。一些在英国学习的中国学生可能会觉得英国人倾向于不加解释地使用概念,并理所当然地认为学生已经理解了这些概念。这让中国留学生觉得老师没有讲授清楚,甚至导致有些留学生跟不上教学进度。[3]

萨德(Shade)等人[4]的研究结果证明,特定的教学观念深深植根于不同国家的文化价值观和社会规范之中。此研究在西方人群体中得出的结论是:教师更注重学生的需求和兴趣,愿意根据学生的反馈来调整教学内容或教学方法;此外,西方学者把批判性思维和启发学生的创造力作为一种重要的教学工具。而东方人群体则更倾向于通过作业指导学生,并可能为他们提供助教工作或发表论文的机会,以帮助他们迈进更高的学术生涯。

---

[1] Jin L X, Cortazzi M. Changing practices in Chinese cultures of learning Language [J]. Culture, and Curriculum, 2006, 19 (1): 5–20.

Shaw J, Moore P, Gandhidasan S. Educational Acculturation and Educational Integrity: Outcomes of an Intervention Subject for International Postgraduate Public Health Students [J]. Journal of Academic Language and Learning, 2007, 1: 55–67.

[2] Hsieh H. Challenges facing Chinese academic staff in a UK university in terms of language, relationships and culture [J]. Teaching in higher education, 2012, 17 (4): 371–383.

[3] Gu Q. Enjoy Loneliness-Understanding Chinese Learners voices [J/OL] http://www.hltmag.co.uk/nov05/mart01_htm (accessed 01/04/2012).

[4] Shade B J, Kelly C A, Oberg M. Creating culturally responsive classrooms [J]. 1997.

在"专业"方面，中国学者要求严格，要求很高，在课堂内外对学生都很有帮助和耐心；而西方学者往往更注意课堂或工作时间的界限，不太亲近学生。东方国家更注重儒家传统文化中的"说教"和"强调模仿和以教师为中心"的老一套观念，而西方国家更注重交际性、创造性和以学生为中心。

当然，有学者也指出，以上结论虽然得到研究证实，但是这是一些会让人先入为主的概念，往往会破坏研究者对教师群体更个性化、更深入的了解。例如，相同国籍的教师也会运用不同教学风格，很难定义是来自东方还是西方。❶ 肯维（Kenway）和法里（Fahey）通过教职员工访谈，总结了"以教师为中心/以内容为导向"和"以学生为中心/以学习为导向"的两大教学理念。"以教师为中心"包括了传播结构化知识和传授信息，而"以学生为中心"法则包括了促进理解、鼓励观念改变或智力发展。❷

判断教学品质的关键在于学生对概念的理解程度、分析方法和批判性思维的培养等，这不是单纯进行"以教师为中心"或"以学生为中心"的教学就能做到的，需要两者结合。这两种教学理念在学术实践中是同样重要的，它们有时候在不同空间、不同时间可以说是相互平行、相互渗透的关系，而不是相互对立的。

很多人的刻板印象是，中国的教学大多以教师为中心，但这不代表中国教育只有灌输性的教学；相对应地，西方也不是只有以学生为主的教学，也有以教师为主的宣讲课。事实上，灌输和探索在东西方同等重要，只是区别在于：中国人认为基本技能的学习应当先于创造，而西方教学把探索看作技能发展的早期阶段。

正如比格斯（Biggs）的研究结论所概括的：让学生反复模仿和练习只是中国学校在艺术和音乐教学过程的第一阶段，而不是唯一阶段；在文科

---

❶ Jin L X, Cortazzi M. Changing practices in Chinese cultures of learning Language [J]. Culture, and Curriculum, 2006, 19（1）: 5–20.

Shaw J, Moore P, Gandhidasan S. Educational Acculturation and Educational Integrity: Outcomes of an Intervention Subject for International Postgraduate Public Health Students [J]. Journal of Academic Language and Learning, 2007, 1: 55–67.

❷ Kenway J, Fahey J. International academic mobility: problematic and possible paradigms [J]. Discourse: studies in the cultural politics of education, 2010, 31（5）: 563–575.

类别的学科中，重复记忆可以被看作整个教学过程的开始阶段，而不是终点。❶ 斯汀格雷（Stigler）和史蒂文斯（Stevenson）进一步指出，西方对亚洲教师的刻板印象是所谓的"专制的知识传授者"，这一观念是片面的。教师不仅希望学生能够记住知识，还希望学生挑战现有的知识。此外他们还发现，教师还试图将以学生为中心的教学作为中国和日本的创新教学方式。❷

可见，儒家传统文化❸中的教与学并不像西方观察家之前认为的那样。事实上，中国的一句古老谚语中已经提到了以学生为中心的方法："师父领进门，修行在个人。"同样，《论语》中也提到了"因材施教"的重要性。这表明，即使在儒家文化中，教师也要运用既能提供扎实学科知识，又能培养学生兴趣和才能的教育学。与西方对亚洲教师的刻板印象相反，大多数亚洲教师，特别是大学里的学者，都高度以学生为中心，随时准备帮助和指导学生，并协调所有学生的学习体验。他们总是努力成为"良师益友"。

因此，关键的一点可能在于"如何使跨国教学更加有效"，而不是将刻板单一的教学方法应用于特定的学生群体。一项调查阐明了香港一些大学的"有效教学"概念，并探讨了外籍教师和中国教师的教学目标异同。他们把参与调研者分成三个组别：在香港读书的中国籍大学生、在香港教学的中国籍教师和外籍教师。这项在香港进行的调查发现，有许多来自美国、英国、新西兰和澳大利亚等国家的外籍教师，虽然在本国是经验丰富、成功的教师，但来到香港以后却表达出一种"沮丧"的情绪：他们发现很难用自己原有的教学方法给中国学生做一个反响热烈的讲座。在调查中，大多数外籍教师认为知识、技能、批判性思维和解决问题的方法是学术发展的四大重要因素。此外，他们强调了备课和演讲技巧的重要性。❹

---

❶ Biggs, J. Assessing Learning Quality: reconciling institutional, staff and educational demands[J]. Assessment & Evaluation in Higher Education, 1996, 21（1）: 5-16.

❷ Stigler W J, Stevenson W H. How Asian teachers polish each lesson to perfection[J]. American Educator, Spring 1991.

❸ 儒家传统文化（CHC）：中国、越南、新加坡、韩国和日本等国被认为是儒家文化的传承国（Phuong-Mai et al. 2005）

❹ Biggs, J. Assessing Learning Quality: reconciling institutional, staff and educational demands[J]. Assessment & Evaluation in Higher Education, 1996, 21（1）: 5-16.

2. "精品教学"的理想

在不同的文化中,精品教学的概念也不尽相同。从学生的角度来看,英国社会的好教师是能够激发学生兴趣、从结构上清晰地解释知识、使用有效的方法来指导学生探索和发现的教师。[1]然而,一名好教师在中国的形象是一个有着丰富而广泛的知识、能够答疑解惑、提供道德层面的指导并担任起一个导师角色的教师。[2]

表 3-1 显示了中英两国对"好教师"的期望差异。[3]英国两所大学的中英学生都希望老师是一个负责任的人,有爱心、有耐心、友好、乐于助人、能够激发学生的兴趣、帮助学生独立学习、能清楚解释知识点和使用有效的方法指导学生的老师。然而,两者之间存在一些差异。中国学生希望老师知识渊博、热心、善解人意、以身作则、幽默风趣。然而,从英国学生的角度来看,这些品质并没有被排进前 12 位。英国学生希望教师富有同情心、活泼开朗、能够约束学生和组织各种活动。

表 3-1 中英两国大学生评出的"好老师"特征

排名	在中国,一个好教师的特征	在英国,一个好教师的特征
1	有丰富的知识	能引起学生的兴趣
2	能使用有效的方法	能清楚解释
3	是一个负责任的人	能使用有效的方法
4	能引起学生的兴趣	是有耐心的
5	是很友好的	能帮助学生独立学习
6	是一个热心、通情达理的人	能关心他人,乐于助人

---

[1] Jin L X, Cortazzi M. Changing practices in Chinese cultures of learning Language [J]. Culture, and Curriculum, 2006, 19(1): 5-20.

[2] Gao L, Watkins D A. Conceptions of teaching held by school science teachers in P R China: identification and cross-cultural comparisons [J]. International journal of science education 2002, 24: 61-79.

[3] Cortazzi M, Jin L, Zhiru W. Cultivators, Cows and computers: Chinese learners metaphors of teachers in Coverdale [C]. Jones T, Rastall P. Internationalising the university: the Chinese context [M]. Basingstoke and New York: Palgrave Macmillan, 2009, 107-129, 118.

续表

排名	在中国，一个好教师的特征	在英国，一个好教师的特征
7	能帮助学生独立学习	是一个负责任的人
8	是有耐心的	是有同情心的
9	能清楚解释	是活泼开朗的
10	能树立良好的道德榜样	能组织各种各样的活动
11	是幽默的	能管控学生纪律
12	能关心他人，乐于助人	是很友好的

总而言之，西方文献确定了以下精品教学的主要类别：教学方法和技能、个人和专业特长、学科知识掌握，课堂氛围、行为礼仪和师生关系，专业精神。此外，研究指出，能否做一名道德楷模或是否关心学生是中国各级学校优秀教师的教学工作中的重要一环。[1]

（二）语言问题

就作为跨国学者所面临的主要障碍而言，一些研究表明，教学角色被认为比其他学术角色需要更高的英语水平。例如，蒋等人对英国两所大学的中国学者的研究表明，由于语言障碍最初影响了他们与同事或学生的个人交流，他们文化适应的过程可能会拉长。同样，在卢克索和佩洛的研究中，中国讲师表示他们通常需要花费比以英语为母语的人更多的时间来准备教学材料。[2] 在集中精力讲了20~25分钟英语之后，他们常常会感到筋疲力尽。不过，何世认为，对于大多数中国教职人员来说，语言并不是最棘手的问题。她的研究对象认为，尽管他们的语言能力很难达到英语为母语者的水平，但他们的英语能力足以清晰地表达课程内容。[3] 由此可见，不同的中国学

---

[1] Welikala T, Watkins C. Improving Intercultural Learning Experiences in Higher Education: Responding to Cultural Scripts for Learning [R]. London: Institute of Education, 2008.

[2] Luxon T, Peelo M. Academic sojourners, teaching and internationalization: the experience of non-UK staff in a British university [J]. Teaching in higher education, 2009, 14: 649-659.

[3] Hsieh H. Challenges facing Chinese academic staff in a UK university in terms of language, relationships and culture [J]. Teaching in higher education, 2012, 17 (4): 371-383.

术者群体，英语能力也不同。例如，一个在其他英语国家待了20多年的中国学者加入英国大学时在教学上遇到的困难，可能比那些来自中国的"纯粹的新人"小很多。

语言问题似乎可以掩盖更深刻的文化困难，其中包括日常行为、生活态度、基本价值观和信仰等。❶值得注意的是，大多数何世研究中的参与者认为，缺乏有关英语文化内涵的背景知识是教学和日常沟通的主要障碍，而不光是语言。在不同的文化中，由于对不同事物和潜在规则的理解存在一定的误差，由此很可能会出现沟通障碍。❷

（三）与同事和学生的关系

蒋等人、卢克索和佩洛的研究表明，在英国的中国学者认为他们的私人社交生活可以与学术生活分开。他们的研究还表明，中国学者由于难以与英国人交朋友，所以社交圈仅限于其他中国人。但这与何世的研究结果形成了鲜明对比。与其他研究人员所描述的消极的跨文化体验不同，她的研究对象通常与同事关系良好。她在研究中发现，中国学者（尤其是那些40多岁的人）在工作中甚至会故意避免只与其他中国学术人员建立亲密关系，这样交友圈更为广泛，从而能尽快融入当地学术生活。

蒋等人的一些受访者还提到，英国和中国学者的社会关系结构不同。在英国，同事之间的关系被认为更加平等；而在中国，同事之间的关系则更加复杂和等级森严❸。欧阳（Ouyang）的研究与此相关，其中提到了中

---

❶ Jiang X, Napoli R D, Borg M, et al. Becoming and being an academic: the perspectives of Chinese staff in two research intensive UK universities [J]. Studies in Higher Education, 2010, 35（2）: 155–170.

❷ Cortazzi M, Jin L, Zhiru W. Cultivators, Cows and computers: Chinese learners metaphors of teachers in Coverdale [C]. Jones T, Rastall P. Internationalising the university: the Chinese context [M]. Basingstoke and New York: Palgrave Macmillan, 2009, 107–129.

Edwards V, Ran A. Building on experience: meeting the needs of Chinese students in British higher education [C]. Coverdale T, Rastall P, Basingstoke. Internationalising the University: The Chinese Context Palgrave Macmillan, 2009: 185–205.

❸ Jiang X, Napoli R D, Borg M, et al. Becoming and being an academic: the perspectives of Chinese staff in two research intensive UK universities [J]. Studies in Higher Education, 2010, 35（2）: 155–170.

国学者之间的上下级关系和"单位"的概念，这类似于西方的"实践社区"概念。在一个教学单位，学者根据各自的学科领域被分配到不同的系院办公室。而在单位内部的关系是分等级的，有各级领导和普通雇员之分。❶

有趣的是，不同学者在一个相似的主题上的研究结果走向了完全不同的方向。所以，本书的实证章节有必要在这些研究的基础上对某些问题进行再次深入探讨，找出前人的研究所没有来得及覆盖的方面。首先，这两项研究都只有8名参与者，而且都来自科学工程学科。结果可能是片面的，来自社会科学、艺术等其他学科的中国学者也在笔者的研究范围里。其次，蒋等人、卢克索和佩洛的研究也指出，因为中国学者很难与英国人交朋友，他们的社交圈仅限于其他中国人。笔者认为在传统的唐人街或少数民族聚居区的模式下，这种关系是可能的。但对于生活在多元文化环境中的中国学者来说，这似乎不大可能。笔者将在实证部分提供更多的证据来支撑这一论点。最后，我们在其他研究中并没有发现何世研究里所描述的中国学者在工作场所回避其他中国同事的现象。目前尚不清楚这是否是一个特例，还是适用于在英国的其他中国学者。在研究中，笔者将会考察参与的中国学者是否也有同类表现。

（四）机构支持的作用

同样重要的是，我们要认识到如果没有成熟的机构或者团体支持，跨国学者们面临的问题就无法得到解决。例如，在中国的大学里一般都会专门设立一个外事办公室来帮助非中国学者定居，如找住处、安排财务等事宜。❷ 英国的一些大学也会通过大学官方网站提供有用的信息为国际学者抵英前后提供帮助。此外，佩拉米（Pherali）建议各机构可以通过多种方式战略性地处理文化脱节的问题。首先，以介绍英国教育系统为重

---

❶ Ouyang H. Understanding the Chinese learners' community of practice: an insider outsider's view report on responding to the needs of the Chinese learner in higher education: internationalizing the University, 2nd Biennial International Conference [R]. University of Portsmouth, 2006.

❷ Ouyang H. Understanding the Chinese learners' community of practice: an insider outsider's view report on responding to the needs of the Chinese learner in higher education: internationalizing the University, 2nd Biennial International Conference [R]. University of Portsmouth, 2006.

点的介绍会可以使移民学者对新环境有一个总体的概念，并在开始阶段就做好迎接进一步挑战的准备。其次，跨国学者可以通过获得高等教育教学资格（如高等教育学习和教学的研究生证书）对英国高等教育体系的社会和文化方面增加更多的了解。最后，通过年度评估流程来完善对海外学者提供的支撑体系，只有这样才能尽可能避免和解决旅居学者普遍会面临的问题。❶

---

❶ Pherali T J. Academic mobility, language, and cultural capital: the experience of transnational academics in British higher education institutions [J]. Journal of studies in international education, 2012, 16（4）: 313-333.

第二部分

移民研究理论和跨学科理论的融合

第四章　理论基础：布尔迪厄及其社会实践理论

现有的研究表明，布尔迪厄的实践理论确实能对移民流动性的问题提供启发性的分析和总结。例如，佩拉米（Pherali）指出，布尔迪厄的场域、惯习和资本概念可以用来解释国际移民的"主体间脱节"现象。❶也就是说，移民在面对移入国的新环境时会随之产生各种矛盾冲突，移民会基于个体"惯习"来选择各式各样的应对办法（从而积累经验和资本），而此理论能很到位地阐释这些五花八门的应对方式的根本缘由，从而揭示移民主体在新的场域是怎样进行个体资本的积累而和过去产生"脱节"的。另外，欧力威（Oliver）和欧凯里（O'Reilly）在分析布尔迪厄关于"阶级和迁移"的研究中发现，布尔迪厄对于场域、资本、实践、惯习和差异等概念的提出和应用，有助于了解生活在西班牙的英国移民群体的"自我移民计划"，以及此计划中阶级的（再）产生过程。❷更直白地说，当行为主体（移民）遇到不熟悉的社会场域时，经过一段时间以后，惯习会发生改变或重塑，各种资本也由此积累，从而产生出新的阶级的可能性。

由此可见，在布尔迪厄的研究基础上，一些移民学者已经在场域、惯习、资本和移民的流动性之间建立起了联系。还有些学者在认知这些联系

---

❶ Pherali T J. Academic mobility, language, and cultural capital: the experience of transnational academics in British higher education institutions [J]. Journal of studies in international education, 2012, 16（4）: 313–333, 316.

❷ Oliver C K O. Reilly A. Bourdieusian analysis of class and migration: habitus and the Individualizing Process [J]. Sociology, 2010, 44（1）: 49–66.

的基础上建立起自己的一套移民理论。例如，泰勒（Taylor）指出，亲情、友谊和本土联结是帮助移民解决在新目的地问题的主要途径。这一结论凸显了移民与其家人和朋友之间的跨国联系以及他们在本地所建立起来的社会网络的重要性。[1] 另外，梅西（Massey）在制度理论中指出，除学术移民的社会网络外，制度也可以促进移民的合法或非法流动。[2] 由此，一套全面的关于国际移民的综合性社会学理论建立了。[3]

近年来，人们对于相关国家间的社会网络、社会行为模式，以及跨国社会资本的积累和转换等问题的关注日益增加。波特斯（Portes）的研究在发展社会学中的跨民族和跨国界社会场域概念等方面发挥了关键作用，并将其扩展到包括地理学在内的其他学科。[4] 通过关注美国的移民，波特发现，那些拥有较高社会资本水平的人比那些积累了较少社会资本的人更倾向于建立跨国关系。[5] 菲斯特（Faist）在对社会资本的理解基础上指出，"这些社会资源帮助个人或群体达成他们在建立多重关系方面的目标，以及帮助他们尽快取得社会阶层和象征性关系中的固有资产。因为，这些资源使得行动者在社群网络和组织中进行合作，作为一种机制将个人、群体和社会结合起来"。[6] 另外，普特南（Putnam）的社会资本理论在这一领域也很有影响力，但由于他对移民经历的时间和空间差异关注不足而常常受到批评。[7]

---

[1] Taylor J E, Arango J, Hugo G, et al. International Migration and National Development [J]. Population index, 1996, 62: 181–212.

[2] Massey D. Questions of locality [J]. 1993, 78（2）: 142–149.

[3] Portes A. Introduction: Immigration and Its Aftermath [J]. International Migration Review, 1994, 28（4）: 632.

[4] Portes A, Zhou M. Self-employment and the earnings of immigrants [J]. AMERICAN SOCIOLOGICAL REVIEW, 1996, 61（2）: 219–230.

[5] Portes, A. Migration, Development, and Segmented Assimilation: A Conceptual Review of the Evidence [J]. The ANNALS of the American Academy of Political and Social Science, 2007, 610（1）: 73–97.

[6] Faist, Thomas. Transnationalization in international migration: implications for the study of citizenship and culture [J]. Ethnic and Racial Studies, 2000, 23（2）: 189–222, 102.

[7] Ryan L, Mulholland J. Trading places: French highly skilled migrants negotiating mobility and emplacement in London [J]. Journal of ethnic and migration studies, 2014, 40（4）: 584–600.

第四章 理论基础：布尔迪厄及其社会实践理论

一般而言，能够在地理和社会层面流动被视为一种有助于行为主体在现代社会中获得资本的能力。诺布尔和戴维斯在他们的研究中表明，教育系统中的文化资本不可避免地成为影响社会包容或排斥的关键因素。❶ 墨菲（Murphy）认为通过空间流动性，学生从海外大学获得了重要的人力资源。这些国际教育经验以后可能转化为他们未来在"国内"劳动力市场上的成功❷，并有助于以他们的国际身份再次享有社会特权❸。

在本章中，首先概述布尔迪厄的"场域"概念，承认其弱点和局限性，并批判性地分析"场域"概念在多大程度上适用于跨国高等教育。其次，通过对不同形式的资本积累的一系列讨论，笔者认为，布尔迪厄的"资本"概念对学术移民的研究也有重要的贡献。最后，讨论布尔迪厄的一个关键概念："惯习"。笔者将通过强调它的优点和一些局限性，将惯习作为笔者研究跨国学术移民的工具。笔者的结论是布尔迪厄的概念（如场域、资本和惯习）在跨国移民研究领域取得的进展具有借鉴性，这使我们在接下来的章节中，有可能将"高大上"的社会学场域的理论，通过分析性的见解，与人文地理学研究中更为"接地气"的调研结合起来。

一、场域理论

对于布尔迪厄来说，"场域"的概念并不被理解成一个被栅栏围起来的区域，也不被理解成封建制度下的领地，而是一个部分自治的"势力范围"，也是一个个体为其在这个势力范围中的位置积极展开争夺的活跃领域（这些争夺可以被简单地理解为改变或保有其势力范围）。❹ 因此，布

---

❶ Noble J, Davies P. Cultural capital as an explanation of variation in participation in higher education [J]. British Journal of Sociology of Education, 2009, 30: 591–605.

❷ Murphy Lejeune E. Student Mobility and Narrative in Europe [M]. London, Routledge, 2002. Nankervis A R. Building for the future? Government and industry responses to the challenges of talent management in China following the GFC [J]. Asia Pacific Business Review, 2013, 19（2）: 186–199.

❸ Findlay A M, King R, Smith F M, et al. World class? An investigation of globalization, difference and international student mobility [J]. Transactions of the Institute of British Geographers, 2012, 37: 118–131.

❹ Bourdieu P. The Field of Cultural Production, or: The Economic World Reversed [J]. 1983, 12（4）: 311–356, 312.

尔迪厄的研究中，"场域"首先确定了一个区域：有时这个概念指的是一个完整的社会领域，以及其中不断改变的"资本"和"惯习"等相关要素。场域的存在合理解释了单一社会结构和社会实践之间的关系。此外，在他的作品中，场域不一定是指单一社会结构，也可以是一组相对独立但又相互关联的社会性领域，如法国学术场域、文学场域、摄影场域等。

布尔迪厄认为法国高等教育体系是一个独立的场域，他在自己的著作中对法国高等教育体系的分析就是一个很好的场域概念例子。在他在《学术人》一书中，他以法国学术生活场域为重点，分析了法国高等教育体系，并探讨了在法国高等教育体系里所发生的对地位展开的策略和斗争。他想证明法国的教育体系是维护社会秩序的基本机构之一：

> 教育体系是一个制度化的分类器。它本身就是一个物化的分类系统，以一种学历的形式转化并且再现社会的等级制度……这是一种以学历为保障的"文化"，是定义主流成功人士的基本组成部分之一。因此学历的缺少被视为一种个人内在的缺失，它削弱了一个人的身份和人性尊严，当他不得不"出现在公众面前"，在他人面前展现自己，展现他的身体，他的举止和他的言语的时候，没有足够光鲜的学历的事实迫使他在所有正式场合保持沉默。❶

如上所述，布尔迪厄的场域概念似乎适用于许多类型的社会空间。事实上，在他自己的研究中，他在多种情况下都使用了此概念来指代各种社会空间。在研究里，笔者将布尔迪厄以法国为中心的学术场域范围与一个更大的跨国学术场域联系起来，即中英学术界。笔者认为，布尔迪厄的场域概念是一个有着普遍学术价值，但并不通俗易懂的概念。因此，本研究面临两项任务：第一，最重要的是将他的理论视为一种理解实证数据的方法，而不是一个完整的用来推翻或者质疑的理论结构体系；第二，将场域

---

❶ Bourdieu P. Homo academicus[M]. paris: Minuit, 1984: 387

第四章　理论基础：布尔迪厄及其社会实践理论

的概念与跨国教育联系起来，从而提出在跨国主义背景下的新的场域研究理论范式。布尔迪厄专门针对法国教育体系的研究在经验上虽然不能直接对应于此研究，但是，能运用他的基本概念作为解释数据的补充工具是有价值的。在本研究中，中英教育体系将被视为一个单一的全球实体，一个跨国界的单一场域。

在高等教育全球化的时代，各场域之间的关系和由此产生的问题变得尤为突出。拉贾尼（Rajani）指出了布尔迪厄研究的局限性：它对阐释各场域之间关系的理论基础不足。布尔迪厄没有整理出一个概念工具或分析策略来解释场域之间的具体衔接部分。[1]有研究也发现，不是所有的场域都是孤立的孤岛，特定的场域受到其他场域的影响有时不会根据自己的特定惯习自主运作。例如，就中英两国的大学在中国的合资企业而言，道诺（Dow）指出，迄今为止，许多中英两国的大学合作（合资）严重低估了中国的学术体系。[2]中国大学环境事实上是作为"全球化"进程一部分受到中国国家政府指导，它比英国管理者之前预计和了解的要更加复杂。这意味着，当中英政治场域、西方大学教育制度场域和中国教育体系场域三者结合在一起时，布尔迪厄的场域理论就出现了问题。为了解决这个问题，此研究中将设问中国的地方学术体系和中国的政府指导如何影响英国大学的分校，还将在接下来的章节具体分析英国学者在"西方教育体系国际化"进程中是如何运作和积累经验的。[3]

布尔迪厄的场域概念里解释了一个由主体（当地学者和管理者）及其社会地位（阶级、教育背景、性别和种族）所创造的独特的文化背景（大

---

[1] Naidoo, R. Fields and institutional strategy: Bourdieu on the relationship between higher education, inequality and society[J]. British Journal of Sociology of Education, 2004, 25（4）: 457-471.

[2] Dow E G. Look before You Leap: Underestimating Chinese Student History, Chinese University Setting and Chinese University Steering in Sino-British HE Joint Ventures?. [J]. Globalisation, Societies and Education, 2010, 8.

[3] Pherali T J. Academic mobility, language, and cultural capital: the experience of transnational academics in British higher education institutions [J]. Journal of studies in international education, 2012, 16（4）: 313-333.

学）。❶ 在笔者的研究中，中国和英国的管理者及学者都创造了海外大学的"环境"。笔者认为中英学术场域不是客观固定存在的一种"独特的文化背景"（如中国学术界），而是一种全球性的变动实体，它是由不断变化的"主体"（管理者、学者）创造出来的，受到地方、国家和国际力量的影响。跨国场域处于"不断变化"的状态，而不是"一成不变"的。因此，本研究对中国学术界和英国学术界之间日益紧密的联系的现象，以及中英跨国教育场域对学术移民流动性和学术移民日常实践的影响提供了深入浅出的观察与见解。

二、资本

布尔迪厄的研究被描述为是从现代马克思主义中孕育而生的，但他也着手进行了两次重大突破。首先，他将马克思主义的经济场域扩大到一般社会场域，将"资本"的概念重新定义为"不同形式的资本"。其次，他还试图打破马克思主义的唯物论，指出我们不应忽视社会场域内部的象征性资本层面上的斗争。在马克思主义的基础上，布尔迪厄将资本广义地定义为能够产生不同利润形式的"积累的人力劳动"。❷ 对于布尔迪厄而言，这个词被"不加区别地扩展到了商品、文化和象征性的东西，这些东西在特定的社会形态中是罕见的，并值得被人们追捧的"。❸ "资本"一词被扩展到了既包含有象征价值的实物，又包含如地位和声望等无形但具有文化意义的现象。这些资源的获得使人拥有权力，并最终收获物质财富。❹

根据不同的主题，布尔迪厄的资本分类也有所不同。他的核心理论对各种"资本的形式"进行了阐述，其中，资本主要被分为四类（见表4-1）。

---

❶ Bourdieu P. Homo academicus[M]，paris：Minuit，1984：387

❷ Longhurst B，Bourdieu P，Moore B. Distinction：A Social Critique of the Judgement of Taste[J]. British Journal of Sociology，1986，37（3）：453.

❸ Harker R，Mahar C，Wilkes C. An Introduction to the Work of Pierre Bourdieu[M]. Palgrave Macmillan UK，1990.

❹ Leung M. Geographical mobility and capital accumulation among Chinese scholars：Geographical mobility and capital accumulation among Chinese scholars [J]. Transactions of the institute of British geographers，2013，38（2）：311-324.

第四章 理论基础：布尔迪厄及其社会实践理论

表 4-1 不同形式的资本

资本的形式	含义
经济资本	收入和其他形式的财务资源及资产
社会资本	持久的社会关系、人际网络和联系
文化资本	文化品位和消费模式。它有三种形式：客观化（如书籍、计算机）、具体化（人的特征，如口音或使用多种语言）和制度化（如大学学位或附属于知名研究机构）
象征资本	附属于某些能力、价值观和/或学习和研究场所的声望或地位价值

在社会资本方面，范尼（Fine）认为，布尔迪厄的社会资本理念有可取之处，但这一概念被其他研究者不恰当地使用了。首先，文化资本、象征资本和经济资本的获得强化了社会资本的获得，它们之间是互相关联而不是独立存在的。他发现有些学者经常在不涉及其他层面的情况下就单一使用社会资本的概念。其次，布尔迪厄坚持认为社会资本的使用是有特定背景的，因此他使用了场域和惯习的概念。但这种对环境的强调在其他独立使用社会资本概念的学者身上再次缺失。最后，布尔迪厄关注阶级、权力和冲突问题，他研究了不同的资本是如何创造、复制和转化它们的，然而其他研究社会资本概念的人往往并不会关注这个过程。[1]

除此之外，他还认为布尔迪厄的社会资本理念本身存在缺陷。首先，布尔迪厄对经济资本的理解是现代资本主义所特有的。因此，他对社会、文化和象征资本的理解也应该局限于这一时期（尽管他对场域和惯习的概念考虑到了其他特定的环境）。其次，一般的社会理论用把社会和经济联系在一起的方式来理解资本主义，而布尔迪厄却将经济资本与社会资本（以及文化和象征）区分开来。因此，逻辑上说，他关于经济资本的概念本身就有可能是存在于社会之外的东西，这容易引起使用概念者的误解。最后，布尔迪厄的四个资本表现得像可以相互交换货币一样。这些资本的质和量的复杂性及其相互之间的转化关系，使得他的理论在某些实践分析以及具

---

[1] Fine B. Social capital versus social history[J]. Social History, 2008, 33（4）: 442-467.

体应用方面令人难以信服。

总结一下,范尼的观点如下:首先,有些文献使用了布尔迪厄的术语"社会资本",但没有提及这个概念的研究背景——布尔迪厄的社会资本并非孤立于他的文化资本、象征资本和经济资本的概念之外。同样,如果脱离了他关于场域和惯习的概念,以及他关于阶级、权力和冲突的问题分析,这些所谓的"资本"概念就没有了意义。其次,如果要正确使用社会资本的概念就应更充分地考虑到它的背景,以及社会资本与经济、文化、阶级和权力等方面的关系。再次,布尔迪厄的研究可能有缺陷,但它确实解决了理论家们在讨论马克思的经济资本时往往没有解决的问题。最后,有种危险在于,在不同主题下使用布尔迪厄的术语会给人一种虚假的一致性。而实际上,每一篇文献对于布尔迪厄术语的理解都是不尽相同的、不相容的或不完整的。

尽管布尔迪厄的研究受到了很多批评,但他对教育方面的研究所作出的贡献仍然令人印象深刻。在他关于法国学术场域的研究中,他试图根据教职员工的社会出身和社会关系、经济和政治资源、学术经验、职称、专业实践等对其进行分类。在收集数据后,他对资料来源进行了精确的分析,将其分为"教育资本""学术权力资本""科学权力和声望资本""学术声誉资本""知识资本"和"政治权力或经济权力资本"等不同类别。[1]他的研究得出一个重要结论,上述教育相关资本或多或少地强化了社会阶层的差异,且教育体系是由精英阶层所主导的。

布尔迪厄的资本概念对中国教育制度的研究也有重要贡献。在李(Li)和安德拉斯(Andoras)的研究中,他们采用了布尔迪厄不同形式的资本来检验"红色工程师"群体——他们于20世纪50年代和60年代初至中期在中国精英教育机构接受过"又红又专"的培训。在21世纪初,他们开始进入中国党和政府领导层。[2]此研究表明,虽然布尔迪厄的概念框架最

---

[1] Leung M. Geographical mobility and capital accumulation among Chinese scholars: Geographical mobility and capital accumulation among Chinese scholars [J]. Transactions of the institute of British geographers, 2013, 38(2): 311–324.

[2] Li H, Joel Andreas. Rise of the Red Engineers: The Cultural Revolution and the Origins of China's New Class [M]. California Stanford University Press Stanford, 2010.

第四章 理论基础：布尔迪厄及其社会实践理论

初是用来分析相对稳定的西方资本主义社会阶级结构的变化，但它也在某些层面有助于研究中国等非资本主义社会的阶级变化。他们在分析中国教育制度时主要研究两种资本类型，即文化资本（学历）和政治资本（党员资格）。在他的评估中，只有这两种类型的资本对在那个时期获得更高级别职位方面具有影响力。

在学术移民方面，有很多学者从不同角度将"国际学术经验"和"资本"结合起来。有些人的结论是，国际经验是一种资本积累，可能有助于社会特权的复制。[1] 刘（Liu）对中国学生和研究人员的研究阐述了中国学术移民如何将他们的国际学术经验转化为财富积累或海外永久居留的。[2] 金明（Kim）的研究关注点主要在跨国学者、知识和象征资本，她探讨了流动和学者之间的关系，论证了他们的跨国经验以及其流动性对学者未来职业生涯的影响。她提出了一个"跨国身份资本"（transnational capital）的概念，用于探讨跨国学术知识分子在异国作为"他者"的象征性地位。[3] 沃特斯（Waters）也运用布尔迪厄的资本理论，分析出国际教育在一定程度上巩固了社会阶级分化。并且，在一些新兴经济体中，国际教育还在进一步促进着社会不平等的产生。[4]

荣格（Leung）关于中国学者在德国的跨国流动和资本积累的研究也是布尔迪厄资本理论适合讨论当代中国流动学者的一个很好的例子。在她的研究中，跨国学者流动是指"学生、教师和研究人员（通常是高等教育场域中的）为了学习、教学或参加研究，在一段时间内从本国机构到本国

---

[1] Brooks R, Waters J. International higher education and the mobility of UK students [J]. Journal of research in international education, 2009, 8（2）: 191–209.

Findlay A M, King R, Smith F M, et al. World class? An investigation of globalization, difference and international student mobility [J]. Transactions of the Institute of British Geographers, 2012, 37: 118–131.

[2] Liu X F. A case study of the labour market status of Chinese immigrants, Metropolitan Toronto international migration intergovernmental committee for European migration [R]. Geneva: Research group for European migration problems, 1997, 34: 583–608.

[3] Kim T Transnational academic mobility, knowledge, and identity capital [J]. Discourse: Studies in the Cultural Politics of Education, 2010, 31（5）: 456–477.

[4] Waters J L. Geographies of international education: mobilities and the reproduction of social（dis）advantage: geographies of international education [J]. Geography Compass, 2012, 6（3）: 23–36.

或国外的另一机构的学术性地理流动"。[1] 基于学术移民的生活经历,她的研究重点是中国学术移民在德国环境中生活所产生的改变(社会、文化和象征资本的积累、收缩和转换)和对之后学术生涯影响。更具体而言,她认为跨国流动是资本转换的一种形式。而在笔者的研究里与资本相关的讨论和她不同之处是:笔者主要阐明学术移民对推动当前中英跨国学术空间边界的贡献,而不是和她在研究里所探讨的一样,集中于单一国家学术空间(德国)。

许多关于国际学生流动的研究发现,获得国际教育可以在很大程度上改善毕业生的就业前景。这种优势可以给个人及其家庭带来好处。一些学者抓住了这一特点,在布尔迪厄之后从资本积累的角度将其理论化。[2] 具体的文化资本(体现在个人水平上)和制度化的文化资本(体现在教育机构正式授予的学历上)都成为这些研究的重点。一方面,体现文化资本是指留学生跨文化体验所带来的资本积累。生活在异国文化和新的语言环境中可以提高他们的语言能力、口音、着装风格、幽默感等,这些都是未来雇主所看重的。[3] 另一方面,制度化文化资本以高等教育机构颁发的学位证书为代表,大学排名或地位对于获得制度化文化资本也至关重要。文化资本最直接和最明显的好处是改善就业前景(将文化资本转为经济资本)。[4] 另外,我们认为,家庭的社会资本(持久的社会关系、社交网络和联系)也可以同时在国际学生求职过程中发挥重要作用。另一个关于香港教育国际化的项目显示,有些中产以上的家庭选择了"跨国"教育方案(由外国大学所

---

[1] Leung M. Geographical mobility and capital accumulation among Chinese scholars: Geographical mobility and capital accumulation among Chinese scholars [J]. Transactions of the institute of British geographers, 2013, 38(2): 311-324.

[2] Findlay A M, King R, Smith F M, et al. World class? An investigation of globalization, difference and international student mobility [J]. Transactions of the Institute of British Geographers, 2012, 37: 118-131.

[3] Waters J L. Geographies of cultural capital: education, international migration and family strategies between Hong Kong and Canada [J]. Transactions of the Institute of British Geographers, 2006, 31(2): 179-192.

[4] Waters J L. Geographies of international education: mobilities and the reproduction of social(dis) advantage: geographies of international education [J]. Geography Compass, 2012, 6(3): 23-36.

第四章　理论基础：布尔迪厄及其社会实践理论

提供的当地教育），而不是在本地攻读学位或前往海外的目的地。❶

这种在布尔迪厄理论基础上扩大化的全球化跨国资本概念与国际学术移民研究直接相关。国际学术移民研究从知识、教育到文化和语言，都和以往研究相比，以扩大范围的资本形式运作。所以，笔者的研究目的是利用布尔迪厄的资本积累概念作为一个概念工具来探讨全球范围下的经验数据，从而更好地理解和分析一手信息。从学术移民的个人角度出发，更贴切地分析当下跨国教育趋势。总之，布尔迪厄的资本积累概念有助于我们用专业术语统一化地解释学术移民的日常生活经历，使我们能够高屋建瓴地掌握不同群体的"在地"移民经验。

此研究的一个研究重点是在英国的中国学者和在中国的英国学者在海外期间的经济、社会、文化与象征资本的积累。笔者的研究还将探讨如何将跨国学术经验积累为经济、社会、文化与象征资本，并最终将其在地理意义上（海外出行）和社会意义上（国际学术网络）转化为职业信誉。也就是说，笔者研究的核心问题之一是如何将海外学术生活经历理解为一种中英学术移民所认知和实践的资本积累方式。布尔迪厄的理论将作为一个工具来研究移民学者与当地学者之间的互动。研究发现，移民学者的地位并不明确：一方面，他们是"局外人"，对当地学术体系的性质并不熟悉；另一方面，移民学者的高学历和身份特点意味着他们往往拥有当地教育体系所重视并且缺少的文化资本。

三、惯习

"惯习"是布尔迪厄所独创，它是对社会科学有重大贡献的一个关键性概念。尽管惯习概念已得到了广泛的应用，但它仍然是一个模糊的概念。这也是布尔迪厄理论中最常被误解、误用和激烈争论的概念之一。那么，什么是惯习呢？正如布尔迪厄所说，"我所有的想法都是从这一点开始的：

---

❶ Waters J, Maggi L. A colourful university life? Transnational higher education and the spatial dimensions of institutional social capital in Hong Kong: transnational higher education in Hong Kong [J]. Population, Space and Place, 2013, 19（2）: 155-167.

如何在个体行为不符合当地规则的情况下对其进行分析和解释？"❶换言之，布尔迪厄想要知道社会结构和个体该如何协调，客观现实和主观现实如何相互影响。

布尔迪厄将惯习正式定义为社会主体（无论是个人、团体还是机构）的一种属性，它由"已成型的和塑造中的结构"组成。"已成型"是指惯习与一个人的过去和现在的情况有关，如家庭背景、童年记忆、教育经历等。而"塑造中"是指的一个人的惯习如何塑造他现在和未来的实践。总之，没有什么事情是随机发生的，它们都与一个人的历史和惯习相关联。也就是说，"我们生活中的任一时刻都是过去无数事件的结果，这些事件塑造了我们的人生道路"。❷这一概念与移民研究密切相关，因为迁移在很大程度上是一个时间过程，与人们的过去和未来有关。

"惯习"通常用来描述那些"内化结构、性格、倾向、习性、行为方式。它们既是个人主义的，又可以是社会群体、社区或家庭的典型特色"。然而惯习并不是独立发挥作用的，它和实践有关。"实践"是一个人在当前的社会空间（场域）活动状态下，他的性格（惯习）和他的地位（资本）之间的"无意识关系"的结果。布尔迪厄用下面这个等式正式地总结了这个关系：[（惯习）（资本）]＋场域＝实践。❸惯习只能"在具体的实践、行为和活动中表现出来，这是一个人在特定的社会场域中定位自己的过程体现"。所以，惯习和场域之间有着密切的动态关系：

> 可以说，社会现实存在于事物和思想、场域和惯习、外部和内部等相对应的社会因素中。当"惯习"遇到一个社会框架的时候，它自然就成为这个社会世界的产物。它就像一条生活在"水中的鱼"：它感觉不到水的重量，它会认为这个世界本身是理所当然的。❹

---

❶ Pazos A，Bourdieu P. Raisons pratiques. Sur la théorie de l'action[J]. Reis，1995，1（69）：271.

❷ Karl Maton. Languages of Legitimation：The Structuring Significance for Intellectual Fields of Strategic Knowledge Claims[J]. British Journal of Sociology of Education，21（2）：147-167.

❸ Harker R，Mahar C，Wilkes C. An Introduction to the Work of Pierre Bourdieu[M]. Palgrave Macmillan UK，1990.

❹ Bourdieu P，Wacquant L. On the Cunning of Imperialist Reason[J]. Theory Culture & Society，1999，16（1）：41-58.

第四章 理论基础：布尔迪厄及其社会实践理论

对于布尔迪厄来说，惯习是一个重要概念，它建立了实践和场域之间的关系。他发现惯习可以很好地定位一个人在社会中的位置以及这种位置的由来："感知是由欣赏而产生的，而感知和欣赏本身又是由可观察到的社会情境产生。"❶ 但值得注意的是，正如布尔迪厄的批评者之一伯特穆里（Bottomley）所指出，社会互动的真实性从来不是完全存在于已观察到的互动中，我们需要认识到这种观察本身的结构性限制。❷ 除了伯特穆里，还有其他研究者对布尔迪厄的惯习概念持批评态度。他们认为有必要将惯习的概念扩大到更大的范围，并利用这一概念来探索跨文化、跨社会阶层或跨种族群体与更大的民族国家之间可能发生的性别和种族差异。他们也认为他夸大了无意识冲动（惯习），忽视了日常的自我反省性和主观能动性。❸

布尔迪厄认为，惯习等概念的主要优点在于它们的经验相关性：

> 我提出惯习、实践等概念的目的之一，就是要指出，有一种实践知识，它有它自己的逻辑，不能归结为理论知识；从某种意义上说，行为主体比理论家更了解社会和世界。❹

惯习在本书中是一种用于实证研究的概念工具，而不是用来争论的理论观点。它也是一种认识世界的方式。惯习提供了一种同时分析"社会主体经验和使这种经验成为可能的客观结构的方法"。❺ 所以在研究中，笔

---

❶ Bourdieu P. Distinction: A Social Critique of the Judgement of Taste [M]. London: Routledge and Kegan Paul, 1984, 101.

❷ Nossen R. Gillean Bottomley, From Another Place: Migration and the Politics of Culture. New York: Cambridge University Press, 1992, pp. vii. 183, $44.95 (cloth) [J]. 1994, 35 (1): 145-146.

❸ Peterson K. Pierre Bourdieu and cultural theory: Critical investigations [J]. Journal of the History of the Behavioral Sciences, 1998, 34.

❹ Bourdieu P. Outline of A Theory of Practice [J]. Contemporary Sociology, 1972, 9 (2): págs. 30–32.、

❺ Bourdieu P. Outline of A Theory of Practice [J]. Contemporary Sociology, 1972, 9 (2): págs. 30–32.

者首先意识到惯习的概念包含过去和现在之间复杂的相互作用和联系。笔者会使用研究中所得的定性数据来说明在跨国高等教育场域，"教育惯习"如何在学术移民身上体现出来，从而使他们在海外经历过程中产生不确定性、矛盾心理和引发焦虑感。笔者还将关注于学术移民的教育历史，以确保其历史客观条件已被当地环境消除后，惯习仍在继续运作。其次，笔者把惯习的概念作为研究工具，来分析不同国籍、年龄、性别、学科、学术级别的学者所拥有的不同跨国经历。最后，笔者认为惯习不仅是指学术移民对新教育环境的适应或抵制，更是指他们如何主动创造价值，努力使自己的"新单位"与众不同。

第五章 理论创新：关于跨学科理论范式的思考

一、场域和资本：跨国教育场域和学术资本兑换

布尔迪厄的社会学概念"场域"是帮助理解跨国教育机构和跨国学术移民的有效分析工具。布尔迪厄的场域概念在这里可以理解为可以产生特殊文化效益和产品的"与众不同的文化组织架构"。此架构的中心组成部分是它包含的"个体"以及他们各自特殊的结构配置（阶层、教育背景、性别以及种族）。值得注意的是，在中英合作办学的跨国教育机构背景下，场域这一概念需要被扩展理解，因为它同时和中国学术场域以及英国学术场域相关联，而且这些场域中还同时存在中英双方的管理者和学者，形成相对复杂的权力关系。由此可见，中英跨国学术场域并不是一个和中国学术圈一样单一的地方性的文化组织机构，它是一个由来自各个国家和民族的"个体"（管理者和学术研究人员等）之间频繁互动构成的，受到地方、国家以及国际环境和各方势力所影响的全球性机构。所以，有意思的是，跨国场域是一个不断变化发展前行的流动性场域，它的流动性创造出一个"可延伸的"国际化社会空间。具体而言，这种超越国界线的场域能在各国场域交融过程中不断演化出各种新兴的条文、规定，以及产生出跨国合作双方需要互相适应的权力场等。

布尔迪厄实践理论中的"资本"概念可以帮助理解国际合作办学各机构之间错综复杂的内部联系，以及帮助挖掘个体实施跨国移动的根本诱因和主要动机。从马克思和韦伯的理论基础出发，布尔迪厄把资本定义为可

以潜在创造多种形式的效益的"可以不断被积累的人类劳动"❶。于是,"资本"这个术语,被拓展延伸理解为:一方面,包含有象征意义的有形资产(如工资、福利等);另一方面,包含文化意义上的现象性无形资产(如身份、地位等)。在此基础上,布尔迪厄进一步把资本明确划分为四个种类:经济资本、社会资本、文化资本和象征资本(这种划分在前面章节也详细阐述过)❷。正是这些不同种类的资本在各个国家的不均衡存在,使得个人在跨国工作之后,产生了个体所携带资本兑换的情况。例如,来到国际办学机构海外部门的这些学术移民都有机会签订此机构给他们提供的个性化的海外工资补偿合同(对英国学者来说,在海外分校教学能获得的象征资本会比在英国国内教书积累得相对而言少一些,于是机构就承诺更好的海外工资福利待遇,用经济资本补偿其在海外教学期间相对缺失的象征资本)。于是我们发现,这种资本之间的跨空间差异的事实,以及由之产生的资本相互流通和转换,是具体通过学术移民的个人资本积累和兑换的方式表现出来的。由此可见,这种个体通过改变工作地点的跨国积累学术资本的方式,自然而然地促成了中英学术场域之间更为"接地气"的频繁互动和合作。

我们说到,在跨国教育体系这个大框架下,资本本身具有一种跨空间的附加价值。对于跨国移动和资本积累是一对"连体婴"这件事情,学者们早就心知肚明。有很多学者甚至指出海外经历本身就是一种可以形成社会特权的重要资本;❸ 这些特权包括广义的社会阶层之间的流动和狭义经济资本积累等,它既可以小到升职加薪,也可以具体到海外居留身份等。另外一些学者把跨国流动和学术交流成果紧密结合起来,新定义了一种称为"知识资本"(knowledge capital)的资本形式。例如,金明(Kim)主

---

❶ Bourdieu P. Homo academicus[M]. Paris: Minuit, 1984: 241

❷ Bourdieu P. Outline of A Theory of Practice[J]. Contemporary Sociology, 1972, 9(2): págs. 30–32.

❸ Brooks R, Waters J. International higher education and the mobility of UK students [J]. Journal of research in international education, 2009, 8(2): 191–209.

Waters J L. Geographies of international education: mobilities and the reproduction of social(dis)advantage: geographies of international education [J]. Geography Compass, 2012, 6(3): 23–36.

第五章 理论创新：关于跨学科理论范式的思考

要研究跨国学术移民的海外经历和他们自身所带资本形式之间产生的错综复杂的关系，从而进一步推断这些在海外积累的资本是怎样影响此移民群体的未来职业前景的。[1]她在此研究中提出了"跨境身份资本"（transnational indentity capital）的概念，用来详细阐述和讨论跨国学术移民由刚开始到达异国他乡的"陌生人"，随着当地学术工作的展开，日积月累地取得当地学术常识和学术资本，最后融入本地学术界的过程。另外，乐昂（Leung）对于在德国生活的中国籍跨国学术移民的研究中也提出移动本身就是一种难以忽视的资本形式。这些在全球化背景下产生的新型资本形式，是对布尔迪厄提出的原有四种资本形式的一种有力的补充。[2]

在跨国教育场域，这些资本最大的作用是成为横跨在学术移民和国际大学研究机构之间互动交流的桥梁。这些资本的具体换算是会针对每个学术移民的具体情况，被个性化定制的，使得他们可以通过在跨国联结的学术圈之间的空间流动来实现自身所带资本在经济、社会、文化和身份等方面的兑现，并取得丰厚的回报（如在英国主校区和中国分校来回往返教学的教授们可以得到优厚的薪水）。即便如此，我们也不得不承认在真正的实践范畴上，并不是所有的跨国流动都能带来所谓的绝对的"好处"，跨国流动所积累下来的某些资源在实践过程中也不一定完全能够兑换成光明的职业前景，还是需要具体情况具体分析。但是就算在调研过程中笔者发现的一些学术资本贬值个案，也并不只带有负面影响；相反，由于它推动了相关学术移民离开当地学术场域，前往下个国家，从而使得跨国学术群体更加国际化，流动性也更为加强。

综上所述，在全球化背景下，学者们通过国际合作办学机构达成的跨国迁移可以被很自然地归类于通过跨国移动而不断积累资源的一个过程。这种明确的个人职业资本积累和跨国教育机构本身的宏观资本积累是紧密相连、密不可分的。通过跨国移动而产生的资本可以被理解为一种权利的

---

[1] Kim T Transnational academic mobility, knowledge, and identity capital [J]. Discourse: Studies in the Cultural Politics of Education, 2010, 31 (5): 456-477.

[2] Leung M. Of Corridors and Chains: Translocal developmental impacts of academic mobility between China and Germany [J]. International Development Planning Review, 2011, 33 (4): 475-489.

源泉、也可以说是可以决定学者未来的一种可兑现资源。值得注意的是，在实践中，这类资本随着跨国学术场域中各类机构的权利制衡而呈现出被暂时压制或者被很好兑现的状态。虽然短时间表现方式不同，长久而言跨国经历带来的资本积累对于学者个人发展而言是有一定积极效应的。

二、地方、空间和跨国高等教育机构

在人文地理学研究中，"地方"（place）是了解学术移民跨国实践的重要概念工具，因此有必要在此章节中深入挖掘其学术概念张力，以及阐明它与跨国高等教育是怎样联系起来的。首先，地方概念具有社会维度，它是由社会关系、社会进程、社会经验和社会关怀之间的特定相互作用与相互联系构成的。此外，地方概念为社会关系提供了具体的物质环境[1]，以此为载体揭示社会权力关系和社会排他性等特征[2]。也就是说，地方概念可以"帮助人们在地方和时间上进行自我定位，并与当地的人员构成、物质材料和知识形式密不可分地联系在一起"。[3]因此，地方概念可以被理解为是由社会实践和物质环境之间丰富而复杂的相互作用而产生的具体环境，是一种探索和理解跨国学术移民的微观地理表现的"大背景"。

说到地方，我们还需要提到空间和地方的区别。空间（space）一般定义为"绝对的、无限的和普遍的"，而地方则是"特定的、有限的、局部的和受约束的"。[4]克利斯威尔（Cresswell）进一步指出，空间与地方的区别在于空间是一个更为抽象的"生命的事实"，是一个"没有具体生命意义的领域，它只为人类生活提供基本坐标"。[5]也就是说，空间仅仅是一个物理位置，它不具体也不反映真实生活；相反，地方是一个真实的地方，

---

[1] Cresswell T. Place: A Short Introduction [M]. Oxford: Blackwell, 2004.

[2] McGregor J. Spatiality and the place of the material in schools [J]. Pedagogy, culture and society, 2004, 12（3）: 347-372.

[3] Nuttall J, Edwards S. Teacher education research and the role of place [J]. Asia Pacific Journal of Teacher Education, 2014, 42（2）: 103-104, 104.

[4] Cresswell T. Place: A Short Introduction [M]. Oxford: Blackwell, 2004.

[5] Cresswell T. Place: A Short Introduction [M]. Oxford: Blackwell, 2004, 10.

第五章　理论创新：关于跨学科理论范式的思考

一个"人性化的空间"[1]，这对人们在具体情感经历上和个人生活诉求上都十分重要。尽管自20世纪70年代以来，一些地理学家在他们的研究里让空间观念扮演着几乎与地方概念同样的角色[2]，空间和地方的区别仍在不断讨论之中：

> 如果空间在时空的背景下被认为是由各种尺度的社会关系形成的，那么地方的观念就是这些关系的特定表达，是在那些社会关系网络中的特定时刻。[3]

因此相对于不真实的空间概念，"地方"可能是研究移民日常生活微观地理的更合适的角度。例如，埃尔卡普（Ehrkamp）关注土耳其移民在一个德国城市的乡土依恋和跨国实践。他支持这样一种结论，即地方是移民日常生活的最重要组成部分："通过移民'改造新地方'的各种表现来具体化移民的故土依恋性，这可以梳理出当代移民和他们与海外当地社会接触时的多重的、有时是相互冲突的复杂性"。[4]

值得注意的是，在与教育地理学相关的众多的文献里，地方的重要性在很大程度上被忽视了。荣格和沃特斯（Waters）从跨国角度研究了地方和空间在影响香港学生跨国教育学习体验感方面起到的作用。他们认为，地方和空间在跨国教育中的重要性并没有被跨国教育提供者（TNE）所充分认识。通过对当地教育空间的观察，他们指出，近期社会文化类的地理期刊研究只关注跨国学校的机构设置，而不是大学校园和地方的关系。[5]只有为数不多的对大学校园的研究强调了大学校园的空间和社会隔离之间

---

[1] Tuan Y. Place: an experiential perspective [J]. Geographical Review, 1975, 65 (2): 151.
[2] Lefebvre H, Enders M J. REFLECTIONS ON THE POLITICS OF SPACE [J]. Antipode, 1976, 8.
[3] Massey D B. Space, Place, and Gender [M]. 1994, 5.
[4] Ehrkamp P. Placing identities: transnational practices and local attachments of Turkish immigrants in Germany [J]. Journal of ethnic and migration studies, 2005, 31 (2): 345–364, 362.
[5] Leung M, Waters L J. British degrees made in Hong Kong: an enquiry into the role of space and place in transnational education [J]. Asia pacific education review, 2013, 14 (1): 43–53.

的关系。[1] 即便如此，大学和地方的结合分析在学术上仍然被忽视。他们还认为，从跨国学者本身的微观角度出发，从下往上地来研究跨国教育可能对整个TNE都有意义，因为这些学者是该机构"最重要的利益相关者"之一。[2] 因此，他们呼吁，学术移民的日常生活和工作场景的复杂联系需要得到更广泛的重视和更深入的研究。

尽管针对学者在大学空间中生活的研究很少，但在地理学界仍有一些文章认识到，教与学的实践很难脱离于大学空间：空间本身就是变革的媒介，改变空间将改变实践。[3] 改变大学的传统教育空间可能会重新定义以教师为中心的教学。[4] 考克思（Cox）等人[5] 的研究通过观察教师在谢菲尔德大学里的"空间陌生感体验"，探讨了大学空间是如何塑造教师学术身份和他们的日常工作的；反之，研究人员身份又是如何塑造空间的。他们将大学空间理论化，并且使其与"身份"和"归属感"等方面的讨论关联起来。然而，科沃斯等人的研究的局限性在于，他们的研究是基于一个相对较小的样本——谢菲尔德大学三个学术工作组的办公室；而且，研究结果是单纯基于作者本人与大学空间的直接接触，没有涉及客观的同事关系和日常学术互动。而本研究将对此加以弥补。

在地理学中，和学术移民流动性相关的研究往往是建立在性别问题[6]

---

[1] Holton M. Advancing student geographies: habitus, identities and (re) sensing of place [J]. University of Portsmouth, 2013.

Holton M Riley M. Student geographies: exploring the diverse geographies of students and higher education: student geographies [J]. Geography Compass, 2013, (1): 61–74.

Holton M Riley M. Talking on the move: place based interviewing with undergraduate students: talking on the Move [J]. Area, 2014, 46 (1): 59–65.

[2] Leung M, Waters L J. British degrees made in Hong Kong: an enquiry into the role of space and place in transnational education [J]. Asia pacific education review, 2013, 14 (1): 43–53, 46.

[3] Robertson G, Baumann C, Bilgin A A, et al. The Impact of space on students' perceptions of the value and quality of their learning experience: a case study of the Collaborative Learning Forum[J]. Australian Association for Research in Education, 2012: 11.

[4] Rover D T. Space to Learn[J]. Journal of Engineering Education, 2007, 96 (1): 79.

[5] Cox A, Herrick T, Keating P. Accommodations: staff identity and university space [J]. Teaching in higher education, 2012, 17 (6): 697–709.

[6] Jons H. Brain Circulation and transnational knowledge networks: studying long term effects of Academic mobility to germany, 1954—2000 [J]. Global networks, 2009, 9 (3): 315–38.

或布尔迪厄资本积累问题❶等基础上进行的。学术移民的流动研究还没有将大学空间和相关的地方概念等方面作为直接切入点。因此，霍诺威（Holloway）和琼斯（Jons）呼吁：我们应该对不同的国家地方背景进行更多的分析，从比较的角度进行更多对比调研，并更加关注世界一流大学分校的激增以及此现象给学术移民带来的影响。❷在后面的章节，笔者将分析大学空间是如何影响跨文化工作体验的，以此来回应这一呼吁。笔者会更仔细地研究大学中的不同"地方"在学术移民日常工作中所起的作用，从而满足对学生和学者的跨国学术流动等相关课题的日益增长的研究需求。❸

三、地方和惯习：跨国教育机构和学术移民日常生活

布尔迪厄将惯习正式定义为社会主体（无论是个人、团体还是机构）的一种属性，它由"已成型的和塑造中的属性"组成。❹"已成型"是指惯习与一个人的过去和现在的情况有关，如家庭背景、童年记忆、教育经历等。而"塑造中"指的是一个人的惯习如何塑造他现在和未来的实践。总之没有什么事情是随机发生的，它们都与一个人的历史和惯习相关联。也就是说，我们生活中的任一时刻都是过去无数事件的结果，这些事件塑造了我们的人生道路。

> 对布尔迪厄来说，惯习使个人倾向于某些行为方式：惯习作为对某种实践的固定配置系统，是规范行为模式的客观基础，因此也是实现行为模式的规律性的客观基础，我们可以预测实

---

❶ Leung M. Geographical mobility and capital accumulation among Chinese scholars: Geographical mobility and capital accumulation among Chinese scholars [J]. Transactions of the institute of British geographers, 2013, 38（2）: 311-324.

❷ Holloway S L, Jons H. Geographies of education and learning: boundary crossings [J]. transactions of the institute of British geographers, 2012, 37（4）: 482-88.

❸ Holloway S L, Jons H. Geographies of education and learning: boundary crossings [J]. transactions of the institute of British geographers, 2012, 37（4）: 482-488, 485.

❹ Moore R. Capital [M]. Pierre Bourdieu: Key Concepts, 2008.

践……这是因为惯习的效果是令拥有它的个体在某些情况下会以某种方式行事。

在笔者的研究中，从集体或国家的角度来定义英国学术移民的惯习在某些情况下可能会产生问题。正如凯里（Kelly）和卢西斯（Lusis）指出，"惯习是一种社会的、集体的和个人的现象，但布尔迪厄对惯习形成的社会边界往往很不清楚——也就是说，我们该如何确定一个群体或集体的惯习的定义范围"。❶ 对布尔迪厄而言，惯习这个词可以用来理解各种问题，如阶级、民族认同、职业、性别等。然而当你从个人日常经验的角度来调整这一概念时，它可能与个人的阶级、种族、职业、性别和逗留时间长短等有关。例如，我们很难将一个人的行为定义为是来自他作为英国人，或学者，或英国学者的惯习。因此，所谓的"英国惯习"或"学术惯习"在许多情况下可能是有问题的，因为它使个人惯习结构过程中的其他重要轴线无差化。在本研究中，惯习是一个适用于个人的概念，而不是类别，如基于国籍的类别。

此外，笔者认为惯习的概念不仅与时间密切相关，还与地方密切相关。这意味着"惯习具有一种固有的地理特性，一个人的社会性格与空间位置相互交织"。❷ 霍尔顿（Holton）探索了大学生在朴次茅斯的惯习和"地方感"。本研究将沿着他的方向，以惯习和地方的结合为理论工具，探讨英国和中国学术移民的日常工作生活与校园空间之间的关系。

首先，我们有必要对近期文献中地方与惯习之间复杂的联系方式加以概述。布尔迪厄的研究经常因为没有将地理空间或地方的概念作为中心而受到地理学家的批评。❸ 然而，布尔迪厄理论中空间性的缺失为地理学家

---

❶ Kelly P, Lusis T. Migration and the transnational habitus: evidence from Canada and the Philippines[J]. Environment and Planning A, 2006, 38（5）: 831-847, 835.

❷ Holton M Riley M. Student geographies: exploring the diverse geographies of students and higher education: student geographies [J]. Geography Compass, 2013, （1）: 61-74, 68.

❸ Hillier J. Editorial: Habitus — a sense of place[J]. Urban Policy & Research, 1999, 17（3）: 177-178.

第五章 理论创新：关于跨学科理论范式的思考

从地理学角度解释布尔迪厄的社会概念留下了更多的概念空间。[1]由此出现了一系列文献来阐明惯习的空间潜力。例如，为了给布尔迪厄的社会学理论寻求一种地理方法，卡西（Casey）认为惯习可以被理解为地方和身体之间的一个中间项，它使主体的行为和地方紧密地联系起来。特别的是，他指出主体在特定领域的社会地位（身份）通过身体的空间运动（移民短期流动）会直接影响他对新的"地方"的体验感。[2]例如，一个学富五车的老教授和一个青春洋溢的大学生一起去昆明旅行的话，两者的地方体验感是截然不同的，因为他们身上的"惯习"不同。有意思的是，每个个体身上所带有的截然不同的"惯习"和个体过去待过的地方息息相关。伊索普（Easthope）也指出，"惯习与根深蒂固的地方观念有着内在的、错综复杂的联系"。[3]另外，一般来说"地方"和"惯习"还有"身体"应该要互相匹配才可以。艾伦（Allen）等人通过研究英格兰城市年轻人对创意产业工作的渴望和产业园的地理位置之间的矛盾，指出惯习已被不同程度地用来考察"身份与地方之间的相互渗透"。他们写道：

> 惯习可以被理解为与基于阶级的性格相关，对于"像我这样的人"来说是怎样思考的；也与"这附近的人"有关，年轻人的愿望——他们的归属感——与他们的社会和空间位置紧密相连。[4]

为了描述跨国学术移民的空间体验过程，笔者在第九章将主要探讨三类对于学者的日常工作至关重要的地方——办公室、咖啡店（公共休息室或酒吧）和住所。而第十章将从教学实践和教育学的角度对课堂或其他教学空间进行探讨。因此，笔者的研究通过将惯习作为一种特殊的理论研究

---

[1] Cresswell T. Place: A Short Introduction [M]. Oxford: Blackwell, 2004.

[2] Casey E S. On Habitus and Place: Responding to My Critics[J]. Annals of the Association of American Geographers, 2001, 91（4）: 716-723.

[3] Easthope, Hazel. A place called home[J]. Housing, Theory and Society, 2004, 21（3）: 128-138, 133.

[4] Allen K, Quinn J, Hollingworth S, et al. Doing Diversity and Evading Equality: The Case of Student Work Placements in the Creative Sector[M]. Educational Diversity. Palgrave Macmillan UK, 2012: 3.

工具来解析英国或中国学者的工作生活，描述学术移民的固有惯习是如何影响他们在"新"校园使用空间的方式，以及在移民过程中，当地大学空间对所谓"旧"惯习的无意识改变。在笔者的结论中，个人的空间实践的多样性取决于他们不同的教育背景、对海外大学校园不同的期望值和个人语言能力的差异等因素。在本研究中，中国和英国的学术移民将通过各种各样的方式利用校园里的工作场所，在陌生与熟悉、生疏与适应之间不断地切换状态。

四、地方、物质和移民流动：跨国教育机构和学术移民流动

跨国教育机构，作为学术人员流动的载体，不断地在全世界扩大招生范围，在越来越多的国家成立分校。它的作用当然不止局限于通过资本兑换来推动人才环流。学校，作为学术研究的物理载体，对于学术移民的日常生活、工作、社会关系建立以及惯习的养成也会产生无法忽视的影响。在笔者的研究中，不仅把跨国教育机构的校园看成一种客观存在的、各具特色的机构组织结构，而且是一种可以刺激学者流动和使社会再生产复杂化的一种物质环境背景。

跨国教育机构对学术移民的影响力首先是机构管理层面上的，因为这些移居海外的学者们会在雇用、升职、资本积累等方面受到管理层面规章制度的影响。跨国教育机构对学术移民的影响同时也表现在物质层面上，因为学术移民的去留在很大程度上也受到当地工作具体体验感的影响。例如，校园规划、办公室结构合理性甚至是厕所的清洁程度等方面是每个在异地工作生活的学者无法回避并且每天在体验的生活内容，这些看似微不足道的物质性细节会间接影响学者们在当地工作的满意程度，甚至由此直接影响他们的去留。

跨国教育机构通过在各地设立分校的方法，架构起英国和中国两个各具特色的学术圈之间最有力的桥梁。同时，它又兼顾官方的规章管理制度和日常的组织机构设施，从硬件和软件两方面来影响跨境学术移民的去留

第五章 理论创新：关于跨学科理论范式的思考

决定。当然，还会向他们提供在单位内部移动、留下或者换单位等选择之间徘徊的可能性。正是跨国教育机构的这种特性使得我们通过研究可以得到除了移民流动大数据以外的个体经验分享，从而得以多层面拓展我们对跨国学术机构以及跨国学术移民群体的微观化认知。

这种结合了地方、物质和移民流动的研究理论范式在和流动相关的研究中已经有过应用实例，特别是和交通主题相关的研究。❶ 在移民研究中虽然也逐步涉及相关方向的讨论，但还是无法跳脱移民经历和单一地方文化相结合的传统思维模式。例如，埃尔卡普❷的研究主要关注点在于土耳其移民的地方依恋情结和在德国某一城市的移居经历之间的关系，他敏锐地观察到"地方"这个地理学概念能够长效地影响移民的日常生活体验。但是，他并没有扩展讨论具体的地方建筑或者活动场所、机构设施等物理环境如何和当地的移民日常生活产生关联，并且直接影响他们的异国生活体验感。而本研究将对此加以观察。上面也提到，科沃斯等人主要研究在谢菲尔德大学工作的学者们是怎样获得在校园里的个人空间体验感的。❸但是，由于涉及的个体案例比较少，只粗略地涉及这些空间体验经历如何和各自的学术身份相关联；而且谈到的主要是在自己熟悉环境的校园空间体验，并没有谈到学者是怎样体验相对难以预料的跨国学术空间的（海外校园）。

本书第三部分会涉及的具体个案研究，旨在把这些已有的研究方向推至更为广泛、更为深入的研究讨论范围当中去。本研究不仅会把跨国教育机构视为一个特殊的"地方"、一种"惯习"的载体，以及一个装载学术移民日常生活的容器，同时也是一个能主动帮助刺激和消化国际人才环流的加速器。具体而言，它主要是通过我们前面谈到的管理层面和物质层面来推进国际人才流动的。在接下来章节的讨论中我们会发现，跨国教育机

---

❶ Jensen O B, Sheller M, Wind S. Together and apart: affective ambiences and negotiation in families' everyday life and mobility [J]. Mobilities, 2015, 10（3）: 363-382.

❷ Ehrkamp P. Placing identities: transnational practices and local attachments of Turkish immigrants in Germany [J]. Journal of ethnic and migration studies, 2005, 31（2）: 345-364, 362.

❸ Cox A, Herrick T, Keating P. Accommodations: staff identity and university space [J]. Teaching in higher education, 2012, 17（6）: 697-709.

构的海外分校并没有如其所愿地维持住他们计划中需要达成的人才质量目标，其中的缘由，除去受管理层面的国际薪酬策略中出现的个体差异影响以外，我们不得不承认，校园物理环境中的物质内容也会极大程度地影响学术移民的去留。

  在扎实的理论基础上，我们应当建立适合跨国学术移民研究的新范式。笔者认为针对跨国学术移民研究而言，跨国教育机构等存在主要代表两层意思。第一层，它是一个完整的管理组织结构，由于跨国的关系，增加了多种权力之间的制衡；同时，通过它，学术移民资本的跨国积累和兑换得以实现。第二层：它是一个物质化的整体存在，这种存在在日常生活当中有时候很容易被忽略，但事实上却和跨国学术移民的工作生活实践、生活习惯、行动轨迹，以及跨国流动息息相关；从空间和物质的理论角度切入，也是地理学中运用比较广泛的田野观察和分析角度，然而却很少和移民生活关联起来。从中长期发展来看，这些看似默默无闻并极其容易被忽视的校园空间环境，公共基础设施和物件，可以极大程度地影响移民流动：如果当地基础设施条件被移民群体所接受的话，他们很可能会延长他们在当地的停留时间；不然的话，当地环境会成为他们放弃当地生活和工作并前往下一个目的地的理由。在这里，笔者不仅仅把校园看成一个可以通过跨国相连的人员管理制度来推进跨国学术移民流动的特殊机构，同时也看成一个实验性的社会背景舞台，或者一个物理性的"惯习"特性综合体，可以直接改变、塑造和影响学术移民群体的"身体"、可流动性以及他们的移动动机。此研究跟随卡西[1]的研究脚步，重新把跨国教育机构定义为"地方""惯习"和"身体"之间的介质——它会激发移民的个体感受力和物质之间发生关联，从而逐渐带动一种"真实性空间移动"。确实，跨国学术移民的日常工作生活和他们旅居国度的校园基本物质配置息息相关，他们所接触的所有物件都会变成一种"移民真实经历的翻译工具"[2]，

---

 [1] Casey E S. On Habitus and Place: Responding to My Critics[J]. Annals of the Association of American Geographers, 2001, 91 (4): 716-723.

 [2] Rosales V M. The domestic work of consumption: materiality, migration and home making [J]. Etnográfica Revista do Centro em Rede de Investigao em Antropologia, 2010, 14 (3): 507-525, 511.

所以此研究可以对现有文献进行补充的是：跨国机构是移民流动催化器。

五、跨学科理论范式框架下的具体研究方法

为了证明跨国教育机构的全球化特性符合布尔迪厄的理论分析范式，以及证明前面所提到的地方物理特性和移民惯习之间的连接会直接影响他们去留的分析结论，此研究通过学校官网的教师信息招募了将近100个符合方法论规定的采访对象（在英国的中国学者60人左右，在中国的英国学者40人），通过严谨的田野调查获得了他们在跨国教育机构就职时的翔实一手资料。此研究还运用了混合质性研究方法，其中包括深入访谈、参与观察和照片日记访谈等。此研究选取了单一跨国教育机构进行针对性研究的原因是，它和别的英国在华机构不一样，它不仅有跨国合作教育机构资质，而且在中国拥有独立的分校校园。这个在中国土地上的英国校园使得此研究能够真正把抽象的跨国学术场域、具体的资本积累策略、个性化的学术移民惯习三者联系起来，进行有质量的深入分析。另外，我们选取的被采访对象不仅人数众多，而且具备了不同的专业背景、资历和职务，使得本研究覆盖了更广泛、更具有代表性的学科和年龄层。旅居中国的英国学者中，有38名潜在被采访对象回复了第一封招募邮件，他们的国籍在接下来的往返邮件中得以确定。一共有30名被采访者是通过这种途径招募到的。接下来，在和他们的交往过程中，用滚雪球的方式找到另外5个合适的被采访对象。还有5个符合条件的学者是在后期的参与观察过程中认识的。总共有40位旅居学者参与了这次研究，前后进行了60次一对一的正式深入访谈，包括40次前期深入访谈和20次后期照片日记访谈。

当然，研究很难做到面面俱到，在笔者的研究过程中，在运用跨学科的理论范式时也会遇到意想不到的难题。笔者在最初招募参与者的时候设计的理想状况是，招募到基本上覆盖所有分类的代表性学者或者高校职工，但在实践过程中发现这一设想很难达成。例如，在笔者的研究参与人中，男性明显比女性要多，其比例为25∶15。这可能是由于学术圈本身男女比例失衡造成的。这就不得不涉及两性差异引起的跨国学术经历和待

遇差别——在旅居过程中女性学者相对而言更难在家庭和事业之间寻找平衡[1]。这一内容是在未来研究中值得探讨的。普遍来说，在所有被招募到的参与者中，在经济管理系和语言培训中心工作的学者比较多。这主要是适应当地需要，在中国建立的跨国教育机构的经济管理系是建校时的重点学科，因为有很多管理者的孩子被送进这类高校；另外，国内高考英语水平要求和国外随堂听专业课的英语水平要求之间的差距是难以被忽视的，语言中心的存在和扩张也因此有其合理性。总体来说，即使在此研究的研究对象招募不可能达到理想化的科类平衡，这些已有的参与者也或多或少地代表了大部分在跨国学术场域里工作的学者们的现状。当然，在调研过程中，对于由于性别或者专业所造成的所得数据不一致，或者缺少相关学科参与者信息的情况，笔者将会在第三部分内容里具体讨论、具体分析。

---

[1] Ren X, Caudle D. Walking the tightrope between work and non-work life: strategies employed by British and Chinese academics and their implications[J]. Studies in Higher Education, 2016, 41（4）: 599-618.

第六章　基于跨学科理论范式的研究计划范例："海归"的跨文化适应过程研究

一、项目的研究意义

研究表明，中国是外流精英的最大母国，中国政府长期实施各种优惠政策鼓励海外精英回国。近些年，中国"海归"人才大量回流，迎来高端移民回流高峰，成为世界移民"北南"流动的重要组成部分。随着中国经济实力的飞速提升，中国对海外留学生人才以及外流工作的学术和技术人才的吸引力越来越大。根据英国汇丰银行对全球近 100 个国家的 7000 名移居者的调查研究，2013 年，中国凭借较高的"经济收入"和"生活体验"排名第一，成为全球最受欢迎的移居地。美国曾经依靠"美国梦"成为全球人才"磁铁"，在世界格局逐渐变化的今天，"中国梦"正悄然成为世界人才新的奋斗目标，中国正逐渐成为新的"逐梦之地"。而这批高端学术移民的回流和政治型移民以及涉外劳工的回流有很大的不同，他们大多是在海外受过高等教育并且掌握一定专业技能的高级知识分子，通过政府政策回国承担重要领域的重要工作，他们正在社会的各个领域深刻影响着中国的发展，因此对此群体的研究具有深远的社会意义。

可是，国内外现阶段对中国回流高端移民的研究主要集中在宏观解析国家政策、分析教育改革和预测移民动向等方面，对微观层面的回流者个体经历研究还有很大空白尚待填补。实际上，移民的回流行为是社会因素、经济因素和个人因素共同作用的产物，国家层面的跨国人才优惠政策只能解决回流高端移民的社会资本和经济资本的初步转化问题，而接下来长期工作中个人心理的调试和生活方式的本土化，才能真正促成跨国资本进一步转化和个人长期发展。对个体回流高端移民而言，通过国家政策荣归故里并不意味着一定能在母国取得成功，相反有很多案例表明在无法融入母国工作环境之后部分回流高端移民又再次选择离开。因此，本研究提出，在研究回流高端移民群体时，其个体化特征不容忽视，深入探究个体性差异背后所隐藏的普遍性意义也是必要的。因为这不仅对个体回流高端移民有启示性作用，对高端移民回流研究空白也富有学术性意义，而且对于国家政策的改革和推进也有很实际的参考价值。本选题符合我国实施科教兴国战略和人才强国战略方向，紧密围绕当前我国的国家发展战略目标，是在中国崛起背景下文化研究重点关注的问题。本选题不仅具有较高科研学术价值，而且能有效服务于实践需要，因而具有很好的研究价值。

二、国内外研究现状分析

此研究的两个关键词分别是"回流高端移民"和"地方感"。

一方面，移民回流的研究始于20世纪初跨国移民的出现。20世纪70年代舍拉斯（Cerase）等人对从美国回流意大利的移民进行了研究，并且提出保守型回流和创新性回流等回流类型，对现今的高学历高技术型移民的回流仍然有借鉴意义。波特斯（Portes）等人则多次强调了交通运输和信息通信技术的快速发展对移民回流的实现路径所产生的巨大影响，让回流变得更加可行。❶ 而20世纪90年代以来出现的跨国主义、人才环流等多种理论渐渐开始受到学界的重视，新时代的回流移民特点也正在发生改变：移民回流是一个受多层面因素影响的现象，上至政府和跨国公司，下至私立机构和移民个体都可以成为推动回流潮的主力；此外，如今的移民回流也不像过去一样：过去的移民回流往往是单向的、一次性的叶落归根行为，而如今的移民回流是短期的、多次的、不确定的、持续的以及横跨多个国

---

❶ 陈程，吴瑞君. 国际移民理论中的回流研究——回顾与评析［J］. 西北人口，2015，36（06）：18-22.

第六章 基于跨学科理论范式的研究计划范例："海归"的跨文化适应过程研究

家的行为。这种"跳跃性"的短期移民方式已经成为全球人力资源持续流动的一部分。

随着我国改革开放步伐的不断加快，以高级知识分子、高级技术工人为代表的高层次人才跨国流动现象日益加剧，在导致大量人才外流的同时，也对我国的政策制定、经济发展和文化交流产生深远的影响，受到国内外政府和学术界的一致关注。目前，在国内学术界，厦门大学、暨南大学、中山大学和中国社会科学院华侨华人研究中心等机构均发表了一系列研究成果，但与国际一流水平相比较，在研究方法、研究范围、数据资源等方面仍有一定的提升空间。国外学术界对高层次人才的关注由来已久，但对海外华人群体中的高层次人才研究尚属起步阶段，尤其是考虑到中国近年来日新月异的发展变化和东西方语言文化上存在的交流障碍，具有较强跨文化沟通能力的研究者加入有助于学术界得出真实、客观、有价值的研究成果。

另一方面，在人文地理学中对"地方感"概念的研究相对成熟。关于人与地的相互关系（the interplay individual and groups with place），先后出现了地理学家怀特（Wright）的"敬地情结"（geopiety）、Tuan 的"恋地情结"（topophilia）、Relph 的"地方感知"，以及一些环境心理学家提出的"地方认同"和"地方依恋"等。这些初期的经典概念与经典理论依然可以作为后续研究的基础。绝大部分研究者对"地方"的理解，都是源自 Tuan 的三大文献中对"地方"（place）由浅入深的分析。相对空间（space）而生的"地方"，被描述为一个由个人经历建构的意义中心；进而明确这种所谓的"意义"即情感和关系，当我们开始对特殊地理空间产生情感时，物理空间就变成了"地方"；最后指出，"空间"是抽象的、自由的，而"地方"是确定的、有范围的。也就是说，"地方"是强调人的情感和关系的意义中心。因此，"地方"是人们赋予了情感的物理环境，是人们在生活过程中与其产生的情感关系纽带。"地方"构成了我们如何认识世界以及如何实施自己行为的基础，人们利用"地方"来交流自身对自我及他人的价值，利用"地方"来创造一种依恋感或家庭感。"地方感"是指个人与某一特定地点之间的情绪或情感纽带，其情感强度可以从感官愉悦强度到持久依恋强度。

总而言之，在概念梳理上，"地方感"（因空间尺度差异，有学者译为"场所感"）已经成为近些年的研究热点，但国内外对其概念的引用与框架分析仍存在不足，缺乏对不同领域"地方感"的概念和框架的分析梳理。在研究对象上，国内外对于"地方感"的相关研究，较多关注作为消费对象的旅游景区、旅游目的地，而较少关注作为生活空间的文化的建构、重建及其对"地方感"的影响与意义；微观尺度较多关注大众居住社区和工作区，也有关注作为消遣空间的酒吧、咖啡馆等，缺乏对集跨国学者日常居住、学习、工作于一体的特殊文化空间——大学校园的关注，缺乏对移民学者与大学校园之间认知与情感关系的研究。

在研究方法上，少有将环境心理学者的定量研究与人文地理学者的定性研究结合起来。事实表明，"地方感"、空间认同和地方认同，是因人而异的，即便是同一个人，在不同的情况下其认同的程度也是不同的，所以研究需要定量与定性的二维验证。在研究维度上，当前已在空间截面式研究方面取得了丰硕的成果，测量"地方感"强度的方法也奠定了"地方"理论深入研究和将这一理论运用于实际管理的基础，而时间纵向研究方面却还少有相关成果。

三、研究目标、研究内容和拟解决的关键问题

（一）研究目标

此研究将选取两类回流高端移民进行比较，一类是通过国家人才计划荣归故里的领军人物；另一类是海外苦读多年还没有积累过硬社会资本的青年"海归"。研究"人—地"关系的概念众多，"地方感"是最主要的一个，而现阶段"回流高端移民—地方工作生活环境"这一特殊"人—地"关系，迫切需要以"地方感"为切入点，以"回流高端移民"为主体，通过研究海归对母国场所的情感与认知，工作生活场所这一承载着人生黄金阶段的独特地方空间对被访者的"地方意义"，这种"地方意义"又是如何影响他们的"地方感"，进而如何影响他们的移居抉择、工作动力、综合素养以及对原生环境的怀旧意象与空间性建构，实现人—社会/心理过程—地方的协调发展。

第六章　基于跨学科理论范式的研究计划范例："海归"的跨文化适应过程研究

（二）研究内容

本项目基于研究对象和主体的独特性（回流高端移民）以及案例机构的典型性（上海高校、国企、跨国企业、私企），兼顾空间（工作、生活）与时间（过去：出生环境和旅居环境，现在：当前环境），通过母国地方环境这一微观尺度，展开既有时间截面又有时序动态的"地方感"相关研究，旨在不断加深对"海龟"群体的"地方感"的认知和理解。这样既可以丰富带有"地方感"的微观文化空间的研究，又能优化企业或高校对回流高端移民的招聘和管理。就具体理论分析方法而言，笔者会主要运用跨国主义理论和布尔迪厄的社会学理论来分析被访者。

1. 基于"时间"维度的"地方感"的测度、形成及过程机制研究

基于构建的"回流高端移民—地方环境"地方感维度框架，在时间维度上，将归国精英对就业生活环境的认知过程分为遥距感知和贴近感知，以时间为轴线（归国前和就业中）展开，通过对不同年龄和专业的"海归"精英开展地方感知的问卷调查和半结构访谈，测度"地方感"的强度和空间建构，分析"地方感"的形成原因、形成过程、特点和变化。此研究反映出，回流高端移民的跨文化经历是如何影响和改变他们的惯习和资本的。这些惯习和资本看似是归国工作的原始积累和起步资源，却也可能成为开展具体工作的隐形绊脚石。

2. 基于"情感意识"维度的"地方感"的测度、形成及过程机制研究

分析"情感意识"如何对回流高端移民在工作方式、经济积累、社会交往等诸多方面产生影响，使他们最终融入祖国"新环境"。某种意义上来说，"人才环流"（brain circulation）和"跨国主义"（transnationalism）概念能更好地解释高端移民的回流为何会演变成为一种旅居体验。笔者认为分析他们回归的原因和分析他们长期停留或者再次离开的原因同等重要。本研究提出"情感意识"的介入可以在很大程度上影响移民的工作生活体验，"情感"作为一种抽象指标将和政府提供的"经济补偿"等政策共同对回归移民产生影响，对此类移民选择再次移居或者长期停留起决定性作用。

3. 基于"空间维度"的"地方感"的测度、形成及过程机制研究

在空间维度上，基于区域比较理论，通过对案例机构中不同职位的"海归"精英进行问卷调查与半结构访谈，测度其对所在机构和国家的"地方感"强度和空间建构，研究回流高端移民在不同国家工作生活的"地方感"差异及其成因，分析跨国移民的身份、物质和空间之间的相互作用。

（三）拟解决的关键问题

第一，在概念理论上，以"地方感"为框架，通过对不同"人—地"关系背景的分析，反推"地方感"框架的一致性与异质性，探讨"地方感"框架建构的内在机理，以及空间概念对跨文化交际的意义。

第二，在实证研究上，深入研究"回流高端移民—母国地方环境"这一"地方感"框架的特殊性，关注回流高端移民这一群体的职业生涯发展与母国这一独特地方空间的相互关系，明晰特殊空间"地方感"的应用与归属，从而分析出跨国移民的流动性特质、个人情感和母国接纳之间的互相作用。

第三，在方法论上，在全面梳理和分析已有调查问卷的基础上，根据问题设置时的正向或反向引导进行分类，总结出主流"外显"量测量表调查法及其结果是否存在主观引导性。并基于本研究，探讨单独使用"外显"量测量表调查法与结合使用"内隐"社会认知法，得出的结论是否存在很大差异。

四、拟采取的研究方法、技术路线、试验方案和可行性分析

（一）拟采用的研究方法

1. 理论基础

本研究从人文地理学角度出发观察跨文化群体和跨文化交际。主要探讨承载人生原生成长阶段的母国究竟是怎样影响回流精英的感知和感情层次的；或者更重要的是，这些感知和感情又能为未来回流人才政策管理产

第六章　基于跨学科理论范式的研究计划范例："海归"的跨文化适应过程研究

生什么启示。本书研究的理论基础来自人文地理学中关乎人地关系的四个基本准则：

（1）地方表现出一种特定的物理性和人文性特征。拆分表现为物理演变过程、社会现象以及个人意义。

（2）人赋予地方含义，同时又从地方中获得生活的意义。

（3）有些地方意义转化为强大的社会情感纽带，影响着那些地方范围内的群体化态度和行为。

（4）"地方意义"在地方管理与规划中得到保护，受到挑战，迎来妥协。

2. 基本假设

（1）在回流人员加入母国的这个特殊文化空间的过程中，既有"异文化"空间的成分，也有由"异文化"转"同文化"的可能，还有"流动的地方"的特点；跨国文化群体的地方感框架不会完全符合单一文化群体的"人—地方"地方感框架。

（2）作为本研究对象的回流精英们的归国时间虽大体一致，但在他们出国前、归国前和归国后，每个时期的经历与进程都大有不同，各个阶段的地方感都有可能在即时文化冲突下产生巨大变化；因而，本研究采用时间维度的动态地方感研究结果必然和已有研究中采用的静态地方研究结果存在差异。

（3）个体地方感在时间上的变迁，在本研究中，还会以当前母国工作地点为中心进行阶段性的进一步细分。例如，刚入职、入职一年、入职三年或者十年对当地工作生活的整体认知。对同一地方的大阶段感知（出国前、归国前和归国后）和细分阶段感知（刚入职、入职三年和入职多年后）综合相加可以完成对回流人员的地方感在时间维度上的深入理解。

（4）地方感有正反两方面，问卷调查和访谈提问存在主观引导性，故显性和隐性的调查与访谈结果会存在很大差异。

3. 基本思路

目前地方感相关研究主要有两种研究方法，一是基于现象学的定性研究方法；二是基于环境心理学的定量研究方法。本研究尝试将两种方法结合起来，剖析研究对象的地方感在时间、空间以及情感三种特殊维度（资本维度、情感过程维度、空间物质维度)上的强度、特征以及形成过程机制,并探讨回流高端移民未来发展与母国当地空间的特殊性之间的相互关系,以及这种关系所引起的新的个体跨文化交际行为模式。

4. 基本方法

"回流高端移民—母国工作生活环境"地方感框架的建构:考虑到地方感及其相关概念的研究已有大量成果,本项目侧重于文献计量结果,在对不同研究背景和核心研究团队的重要文献进行整理分析后,对比性提出"海归—机构"的地方感框架;地方感强度的测度以定量为主,基于构建的地方感维度框架,采用里克特五点量表,采用问卷调查方式,获取第一手数据,用 SPSS 17 统计软件和 Amos17 结构方程软件处理样本数据,测度地方感强度,分析地方感的表象时空特征;地方感形成过程机制以定性为主,采用深入半结构访谈方式,访谈提纲设计基于构建的"海归—机构"地方感维度框架,访谈对象包括在上海各行各业的"海归"精英,用 Nvivo 8 处理与分析样本数据,分析地方感形成的心理过程与内在规律。本研究定性与定量研究相结合,方法互相补充,结果相互验证。

(二)技术路线和试验方案

第一步,案例机构选取。地点为上海,选取样本机构包括高校、国企、外企和私企。

第二步,建构"回流高端移民—地方环境"地方感维度框架。基于已有相关研究成果,分析不同"人—地"关系背景下,地方感框架的本质异同。本项目在研究"海归—机构"这一特定人地关系中,初步认为:"人"包括学者、金融行业者、创业者等;"地"包括具体的物理环境和精神环境。物理环境如标志性建筑(地标)、生活环境(居住场所、饮食场所、休闲场所)、工作环境(办公室、图书馆和咖啡店等);精神环境包括当地社会环境、职场规则和陶冶情操的人文气息等。

"海归-机构"这一特殊"人-地"关系中,人对地方的感情可以通过中介变量——"情感态度"作用于地方;地方对人的影响可以通过中介变量——"满意度"作用于人;情感态度与满意度可以作为两者之间的桥梁,

第六章 基于跨学科理论范式的研究计划范例:"海归"的跨文化适应过程研究

相互解释;地方意义则会从整体上影响情感态度与满意度。

第三步,选取少量研究对象,绘制生活工作认知地图和进行图片测试。"海归—机构"人地关系中,"地"虽微观但内容复杂。以工作环境为例,在大学可能包括生活空间(教师公寓、食堂)、学习空间(教室、图书馆)、工作空间(开会点、院办)等。认知地图和图片测试数据,采用 Arcgis10 软件,提取核心信息,为后续调查问卷设计和深入访谈提纲设计提供基础数据。

第四步,定量与定性相结合,获取野外调查数据。问卷调查采用分层抽样方法,保证样本的代表性。问卷设计基于建构的地方感框架,将现有主流"外显"量测量表调查法,结合"内隐"社会认知方法对无意识特性进行探索性挖掘。内隐社会认知是指在社会认知过程中,虽然个体不能回忆某一过去经验,但这一经验潜在对个体的行为和判断产生影响(可用自我报告法或内省法)。问卷调查时,先进行小范围预调查,以确保后续调查的合理性与准确性;然后再进行第二次回访性调查与访谈。

第五步,对第一手数据进行分析处理。这部分主要是基于相关软件,借用或改进已有相关研究模型,对数据进行处理和分析。调查问卷分析,采用 SPSS 17 统计软件和 Amos 17 结构方程软件处理样本数据;访谈资料分析,采用 Nvivo 8 软件进行整理、分析。而定性研究方面,则对访谈内容进行分析。确定维度,探究原因,重在分析地方感形成、变化过程的内在机理。

第六步:时间和空间、定量和定性数据的对比与融合。对依照项目目标采集的数据进行汇总与分析,针对各案例机构一一设计数据分析图,便于以时间和空间为切入点进行研究,得出结论。每张示意图上用图例(如颜色的深浅)反映地方感的强弱。这样,既可有效提取出同一时间段被访者地方感的相同点,从而得出此人群地方感的形成过程,又可比较出同一阶段不同机构以及同一机构不同阶段地方感的发展差异。最终,通过定量与定性数据把作用因素挖掘出来,实现时间与空间数据的对比与融合,该融合可以在 Matlab 2012 中实现。

在时空数据对比与融合的基础上,将定量实证得到的数据结果与定性访谈研究得出的语料结果进行对比分析。本研究基于人文地理学的独特视角，先使用逻辑实证主义方法概括出理论模型，然后运用经验主义方法进行语义归纳和综合，最后用人本主义和结构主义等思维对跨文化交际过程进行学科阐释，实现定量和定性数据的对比与融合。

通过以上六个步骤，深入分析地方对"海归"高端人群的地方意义及其形成原因，地方感的强度、形成、维持和变化过程及其内在机制，以及这一群体的职业生涯、行为倾向与母国工作生活环境这一独特地方空间之间的相互作用关系。

（三）可行性分析

1. 理论可行性分析

地方感相关问题近年来受到国内外学者的广泛关注，并取得了较好的研究进展，为本项目的研究提供了良好的理论和方法基础。本研究基于前人的"人—过程—地"三维度模型进行研究，具有理论上的可行性。

2. 研究方案及技术路线的可行性

本研究拟从对地方感这一核心主题的概念和框架的全面梳理出发，构建基于"海归精英—地方"这一特殊人地关系的概念框架，定量测度地方感强度，定性分析地方感形成原因、过程机制及影响，在此基础上建立跨文化视野下的"人—地"地方感研究体系。研究者在文献计量分析与文献阅读方面取得了初步研究成果，为本项目的研究指明了方向；对原有对跨国移民的研究成果，已经开展的相关实证研究，涉及统计数据分析、问卷调查、深度访谈等方法，验证了解决本项目研究问题的思路和技术路线的可行性。

五、本研究的特色与创新之处

此研究另辟蹊径，宏观起步于国家人才计划政策，微观着眼于此类移民群体的"私人日常"，重点研究学术精英回国后经历"故乡似他乡"的跨文化冲击及适应过程，以及在此过程中经历的伪熟知、误判、排挤、改变和创造等文化再适应阶段。此研究延伸了常规跨文化交际的分析轨迹，

第六章　基于跨学科理论范式的研究计划范例："海归"的跨文化适应过程研究

指出"文化适应"并不只出现于初次闯入异国文化的阶段，还会再次出现于回归原有文化环境的过程中；跨文化交际的焦点应当不仅仅投射于和异国人群的交往中，还存在于同国籍人群之间。研究指出：第一，使用"种族划分"视角来研究跨文化交际过程中出现的问题是有其局限性的，"文化差异"也存在于不同文化经历的同种族之间。第二，单纯使用单次线性地理意义上的空间移动，如从 A 国到 B 国，不能完整叙述跨国移民的全部移动轨迹，移民融入的概念过去太注重于"出走"而很少关注"回归"以及回归之后移民在其祖国感受到身份的"异国化"给他们带来的生存困扰和群体排斥。第三，从空间和物质的角度来探讨中国回流高端移民的多重文化身份。这一部分会使用人文地理学的研究分析方法，提出"相对空间"的概念。其一，就国家而言，"异国"并不单纯指示区别于母国的另外一个国家，对于被研究者来说它也可能是一个"异国化的母国"，对于地方感以及故乡和他乡的辩证探讨会成为此研究的一个关键论点切入口。其二，就个体而言，常规的以国家为界限的身份概念被打破，研究主要挖掘被研究者在回到被异国化的母国之后所进行的一系列"空间构建"和再创造的行为过程，以及这些行为背后的身份认证问题。另外，会用到人文地理学中"物质"的概念分析被访者的工作生活。总而言之，以地方感概念为切入点，正确区分出中国学术移民和中国土生学者之间的差异是讨论"跨国身份""多重文化"和"文化适应"等关键词的新角度，深入分析此课题能打开中国移民研究的新视野。

本项目的特色体现在两个方面：第一，研究对象的特殊性。本研究以主要地方工作机构和生活场所为研究对象，与其他研究中关注的作为消费对象的休闲区/旅游地区别开来。第二，研究主体的特殊性。本研究以回流高端移民为研究主体，他们是极具创造力的群体，他们在感知母国环境这个特定地方的同时，也在继承与创造母国文化。这与既有研究中的游客、村民、学生、社区居民等有着本质区别。

本项目的创新体现在两个方面：第一，研究思路的创新性。本研究采用以空间换时间，兼顾空间尺度与时间轴线，展开既截面某时点又时序动态的地方感相关研究，与已有静态测度某时点地方感强度的研究区分开来。第二，研究体系的创新性。本研究基于定量研究确定强度与特征，基于定性研究分析成因与过程，从强度、原因、过程及其影响等多方面，系统剖析地方感的形成及过程机制，研究具有系统性。

第三部分

跨国学术移民经验研究：
学者们的日常生活

第七章　跨国流动动机：移民政策和日常

本章从两个观察角度探讨了中英学术移民的职业流动（professional movement）：从"上方"（宏观）出发观察移民怎样积累跨国资本，从"下方"（微观）出发观察移民怎样在日常工作生活中应对"新"学术圈的区域性限制。在跨国主义的基础上，本章先从"上方"陈述了国家间基础设施（即政策和制度规则）如何允许移民通过跨国流动获得资本。本部分认为，修订国家移民政策和（或）制度规定是引导学术资本流动走向的重要因素。然后，通过扎根理论从"下方"阐述跨国主义及其在移民身上的具体表现。研究表明学术移民的移动诱因与他们进行跨国工作的具体内容及个人感受有着密切联系。显然，我们需要通过他们在跨国工作场所的日常生活经历来"判断"跨国学术移民的流动走向。

本章中的跨国学术实践与布尔迪厄关于不同形式资本的概念有关。资本是贯穿整个章节的概念性工具。它不仅可以通过移民的跨国流动自行积累，而且有可能在移民的跨国日常工作实践中贬值。这种在当地工作所造成的学术资本积累或贬值，将成为刺激学术移民在未来流动走向的重要原因。

本章旨在探讨学术移民如何基于实际环境和个人感受，来制订个人跨国流动计划。在本章中，高等教育机构可以被（重新）视为有特色的跨国学术工作场所，也可以是资本积累场域，还可以被当作囊括学术移民日常工作生活细节的空间来看待。笔者发现，跨国高等教育机构本身作为载体就会诱发学者的跨国性流动。本章从地理学的角度出发，强调了跨国高校在学术移民流动过程中起到的从上及下的推动作用，凸显了布尔迪厄理论架构和跨国主义之间的内在联系。

一、"自上"的培育跨国资本形式：政策与资本交换在引导学术移民迁移中的重要性

本部分内容介绍国家政策或制度战略如何从"上方"影响跨国学术移民流动。本部分意在表明，跨国学术移民的国际教育工作经验（或空间流动性）是一种通过个体跨国流动而达成的资本交换；这种跨国经验是由于国家教育资源层面的"不平等"积累而成的，而最终会达成一种个人专业层面的"不平等"。

（一）中国学者：跨国资本交换与国家政策

中央组织部中央人才工作协调小组开展了一项高素质海外人才招聘计划（又称"千人计划"）❶，旨在 5 到 10 年内，引进约 2000 名世界领先的科学家和专家，以提升我国的研究和创新能力。"千人计划"的成功影响了人才的跨国流动，引导中国学术移民返回祖国并为其工作建立了有效的政策模式。它在目标群体中的受欢迎程度显然体现在该计划带回的越来越多的海归。

仔细研究一下"千人计划"，就会发现它针对的是一个特定的学术团体——教授以及受过西方教育的群体（博士），还要求是 55 岁以下的学者。显然，中国政府将"西方大学学位"视为重要的制度化文化资本。一些研究人员在亚洲背景下提到了"西方学位"的重要性。例如，王爱华（Ong）❷认为，对于许多中国人来说，美国大学学位是全球流动性所必需的象征性资本。沃特斯（Waters）❸的研究还表明，西方大学学位可以很容易地转变为亚洲的经济资本。一般中产阶级家庭会将其视为"最有价值的文化资本

---

❶ 关于该计划的更多信息，可查阅"千人计划"官方网站：http://www.1000plan.org/qrjh/section/2?m=rcrd（2013/June/25）

❷ Ong A. Flexible citizenship [M]. Durham NC. Duke UP，1999.

❸ Waters J L. Transnational family strategies and education in the contemporary Chinese diaspora [J]. Global Networks，（2005）5：359-378.

第七章 跨国流动动机：移民政策和日常

形式"，以维持其"阶级再生产"和用于建立"基于地方的跨国社会网络"。在这方面，文化资本（或学术资本）在不同国家学术领域的可信度不同，也可以有不同的价值。正如摩尔（Moore）所观察到的：

> 文化资本，从两个维度——成果性和可转移性看，以综合的体现形式使得社会活动者们得以互相"区分"，并共同确定文化象征资本个案的相对价值标准。实际上，一些社会活动者可能有大量的文化资本（很有成就），但领域广度上却很有限——他们的资本缺乏转换性（"小池塘里的大鱼"）……只有在转换性方面进行了优化时，文化资本才具有最高的价值。❶

笔者同意该观点，西方学位和西方高级职称（如教授）可以代表比中国本土高级职称更有价值的象征文化资本形式（例如，来自英国的教授如果在中国工作可以获得比中国本土教授更高的工资）。在转换性方面，西方国家积累的资本形式在中国通过目前层出不穷的"高技能移民政策"可以更容易地转化为更高的价值。因此，拥有"西方"博士学位并在著名的英国大学工作的中国教授可被视为"文化中心的尖端人才"。由于资本是"积累的人工劳动"，可能产生不同形式的利润，获得资本意味着可以获得权利并最终获得物质财富。

有许多学者从不同的角度将"国际学术经验"和"资本"结合在一起。以布尔迪厄理论为基础，他们在资本积累问题上加入了跨国流动维度的考量，并将其理论化。该流派得出的结论是，国际经验是一种资本积累，可能有助于社会特权的再生产❷；有助于海外财富积累，或获得永久居住权❸；或者，能够帮助学者在跨国学术界获得地位以及帮助未来的职业晋

---

❶ Moore R. Capital [M]. Pierre Bourdieu: Key Concepts, 2008: 114.

❷ Brooks R, Waters J. International higher education and the mobility of UK students [J]. Journal of research in international education, 2009, 8（2）: 191-209.

❸ Liu X F. A case study of the labour market status of Chinese immigrants, Metropolitan Toronto international migration intergovernmental committee for European migration [R]. Geneva: Research group for European migration problems, 1997, 34: 583-608.

升[1]。相应地，笔者的研究发现，在英国学术界获得的跨国学术经验可以大大提高中国学术移民未来的职业前景：

> 自从我在英国工作，许多中国大学开始与我取得联系。部分原因是我有在这些大学工作的老同学，他们向这些大学推荐了我；部分原因是我是一名学者，拥有英国顶级大学的博士学位，而我在英国出版的学术成果被认为是非常有价值的。这让我在中国会比当地的中国学者更具竞争力。（谢，研究员，30多岁，在英国8年）

从这段引用中，我们可以看到具体的文化资本（个人携带）、制度化的文化资本（在教育机构正式授予的学术资格）、客观文化资本（出版书籍或发表论文）、象征资本（头衔和声誉）和社会资本（国际学术关系网络）。通过在英国工作，拥有高价值文化资本的中国学者在返回中国时可以将其转化为不同形式的资本。根据"千人计划"的指导方针，入围候选人将享有一系列特权。这不仅可以极大地改善他们的工作条件和促进他们的研究；还可以提升他们的社会地位和日常生活水平。由此我们能看出：中国学术移民如果选择回国的话，会面临一种制度化的文化资本兑换。这是通过"千人计划"而完成的一种资本转换（表7-1）。

表7-1 资本与"千人计划"红利的连带关系

资本形式	"千人计划"红利
经济资本	A. 工作和工资条件与以前一样好 B. 申报主要的省级项目和资金 C. 他们将在税收、保险、住房、医疗保健等方面享受许多实质性的优惠待遇
社会资本	他们将享受国际旅行（如果持有外国护照）、儿童教育和配偶的职业规划等优惠待遇

---

[1] Kim T Transnational academic mobility, knowledge, and identity capital [J]. Discourse: Studies in the Cultural Politics of Education, 2010, 31（5）: 456–477.

续表

资本形式	"千人计划"红利
象征性资本	A. 快速获得政府奖项和头衔 B. 承担国有研究机构的领导工作 C. 参与相关领域的政策制定和中国国家 HE 标准制定 D. 为打造海归的公众形象作出了巨大努力。这些精英海归中的许多人受到中国官方媒体的高度赞扬

因此，这些新政策会影响个人在其学术生活的"合适"阶段选择移民或归国，并以上面所提到的方式有意或无意地实现跨洋文化资本的生产和交换。例如，现年30多岁的陆博士持有中国护照并在英国大学获得长期教职岗位，但仍然保持开放的态度。他表达了想利用中国人才政策作为未来事业成功"跳板"的想法：

> 就个人而言，我知道有一天我会回国，但我现在不想回去。我知道，如果我能在英国学术界工作更长一段时间，我可以轻松地达到年轻研究人员的"千人计划"要求。通过这一途径，我可以很快获得比我在中国的老同学更好的职位。如果遵循新的中国人才政策，我可以在5年内获得的职位，也许他们需要10年才能得到。我想，我最终会回到中国。加入"千人计划"，无疑会使我的职业生涯锦上添花。（陆，研究员，30多岁，英国7年）

而对于更高级别的中国学者来说，在英国积累的资本很快就可以直接转变为中国的经济资本和专业产出。邓教授认为，目前中国出台的政策是将"理论"慢慢转变为"实践"的良好开端。并且，中国的各种资源正在就位，以便海归学者回国以后创办自主产业并发表更多的研究成果。

> 我觉得，中国政府政策比较特别的一点是，能够为应用研究提供资金。从我个人的角度来看，我确实想回到中国加入"千人计划"，因为这将有助于我的研究并将理论付诸实践。如果我回国，我有更多的机会进行应用研究，还可以建立自己的公司，使我的

研究直接变成产品。在英国，我也可以进行应用研究，但必须做大量的文书工作，效率要低得多。我认为，对英国学术界的一个主要批评是，他们正在进行大量的基础性研究或所谓的"纯研究"。他们正在为发表论文做研究，而这种研究成果可能永远止步于实验室！（邓，教授，40多岁，英国20年）

中国对研究经费的投入一直在稳步上升。2018年，中国将其国内生产总值（GDP）的2.18%投入科研相关行业。[1]这一比例远远高于其他发展中国家。中国新政策的即时成果便是出版物。2003—2019年，中国科学家发表的论文数为260.64万篇，数量比2018年增长14.7%。2020年，中国学者的相关数据仅次于美国。邓教授也证实了这种情况。他认为，这是中国出台新的鼓励政策的结果：

你可以看到，中国学者撰写的科学与自然类论文越来越多。我认为，这是与中国新政策相关的科研经费的大量投入的直接结果。我认为，在我的领域，中国可以在5到10年内赶上英国。在一些特殊专业里，我认为，中国已经处于领先地位。还有，为什么我要回去？这是因为，作为一名"外国专家"，我可以相对而言更为轻松获得资金和研究团队来支持我的科研。（邓，教授，40多岁，在英国20年）

另外，对于一些已经拥有高收入和学术成就以及更多特权的教授而言，经济或社会资本的交换已不那么重要。他们选择回国的动机更多的是对"祖国"的深刻依恋，而不是收入。王宁（Ning）[2]强调了中国学生在国外对中国的情感依恋，认为"中国人的爱国意识被深深地融入了他们的心灵"。

---

[1] 2019中国科技论文统计结果发布：从求数量到重质量评价指标变化显著[EB/OL].[2020-11-12]. http://www.gov.cn/shuju/2019-11/20/content-5453698.htm.

[2] Wang, Ning. The Making of an Intellectual Hero: Chinese Narratives of Qian Xuesen[J]. The China Quarterly, 2011, 206: 352-371.

第七章 跨国流动动机：移民政策和日常

这项研究的结果还表明，大多数中国学者即使改变了国籍，仍然认为自己是中国人。因此，回国的吸引力不仅来自像邓教授那样出于个人对研究发展的现实考虑，而且来自对中国的情感依恋。以杨教授为例：

> 我马上要回中国。我将去一所中国有名的大学工作。我在那里进行了本科学习，而且它也在我的家乡。他们在学校建立了中国卫生政策研究中心，任命我为主任。……我渴望回到我的所属之地。（杨教授，50多岁，在英国25年）

本研究发现，中国的政策不仅侧重于提供资本，而且积极推动爱国主义宣传，作为吸引中国学术移民的战略。在"千人计划"的官方网站上，一大红色标语突出显眼："祖国需要你们，祖国欢迎你们，祖国寄希望于你们！"中国政府知道，国外社会带给学术移民那种边缘化的"不存在和不相关"的感觉，可能会导致这些高技能的中国移民回到他们的家乡。所以，他们使用"祖国"的概念来触发和吸引中国移民返回家园。

而在理论方面，布尔迪厄认为所有文化生产/实践，包括科学，都直接指向利润。他的理论是经济决定论。这一点长期以来一直受到批评。其中，最值得注意的一些批评者认为布尔迪厄的理论未能区分表面利润和暗含的利润，以及其他可能无法合理解释的因素。人类的情感可能是所谓的"其他因素"之一。❶ 例如，杨教授的动机属于"情感"范畴。在杨教授的案例中，她并没有以追求更高的薪水或更好的职位为动机而回国，因为她已经拥有；相反，她认为回到祖国是自我价值的实现途径。她回国的主要原因可能是长期根植于内心中的爱国主义情感——"与在天安门广场的影子中沉默相比，直接选择回国显得更能表明爱国的急切心情"。❷ 她相信，凭借她的专业知识和30年的海外工作经验，可以为自己的祖国做出贡献。她说：

---

❶ Moore R. Capital [M]. Pierre Bourdieu: Key Concepts, 2008: 114.
❷ Ley D, Kobayashi A. Back to Hong Kong: return migration or transnational sojourn [J]. Return migration of the next generations: 21st century transnational mobility, 2009: 119-138.

中国政府建设这个中心的主要目的是实现新时代新型人才培养的目标。我愿意回去培养新一代的中国学者，带来一些"新鲜空气"，我希望至少我对学术的态度能够影响到年轻一代。（杨教授，50多岁，在英国25年）

大量的著名科学家，如施一公，回到中国的使命是：重组中国的研究文化。有学者指出，一定程度的学术腐败和裙带关系可能是中国高质量科学研究的最大障碍。通常，受中国爱国主义驱使的更"成熟"的学术归国者希望成为改变风气的催化剂，并希望中国政府能够支持他们。蔡教授持相似观点，指出中国学术界不仅需要改变实验室设备，还需要改变中国学者对其职业的态度。他说："许多中国本土学者的问题在于为了评职称，他们过于期待快速的结果。我把这归咎于我们的快速解决问题方式与即时满足的文化。"

回国以后，这群"成熟"的海归学者被放在了一个模棱两可的位置：一方面，他们是"局外人"，对中国学术体系的本质并不熟悉；另一方面，这些学者通常拥有当地中国教育体系所重视的资本。他们在英国积累的资本不仅可以转化为经济或社会资本（如年轻学者），还可以转化为象征性资本（如成功学者），这足以影响中国学术界。

总而言之，不同职业阶段的学者的资本转换过程很明显是不同的。图7-1展示了英国这些中国学术移民群体如何通过空间流动和国家政策将他们在海外获得的"更有价值的"文化资本转变为其他形式的资本。

这些数据显示，与现行政策相关的中国学者在其人生的不同阶段可能出现重大"跳跃"。底部的直线代表中国人移民到英国。获得学位后，大多数是博士，他们有两个选择可以实现"跳跃"：一个是通过地方或机构计划回到中国，成为中国的学者；另一个是在英国学术界找到职位并遵守英国移民政策留下（或可能去其他地方）。在35岁以下的年龄，如果他们足够"优秀"，选择留下的人有第二次机会考虑他们的未来：要么通过"千人青年学者计划"回到中国，获得更高的学术地位；要么留下来在英国发展。对于更有成就的教授来说，如果他们想要回到中国，他们将获得与本土教授相比更优越的地位，那么"千人计划"对他们来说将是一个不错的选择。

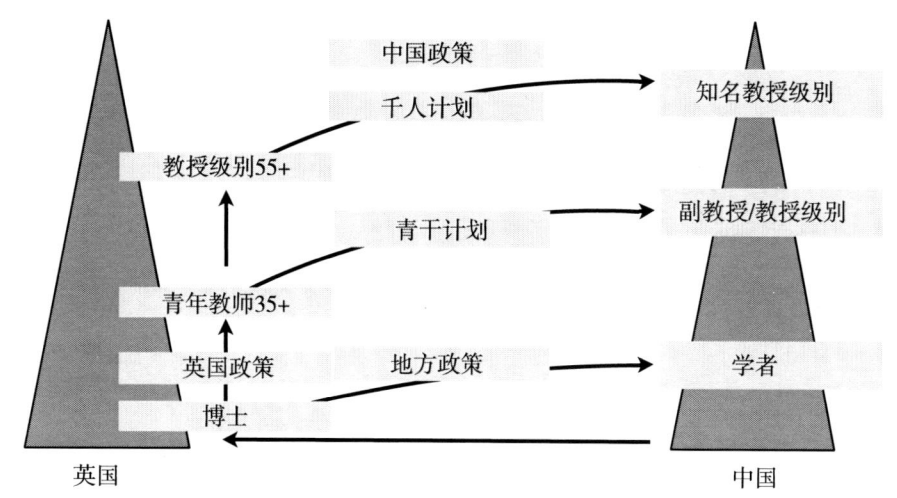

图 7-1 不同群体的中国学术移民通过国家政策来实现资本转化的过程

（二）英国学者：通过机构制度获取资本

英国 IBC（国际分校）面临的最大挑战之一是如何解决海外校园的核心员工数量不足的问题，以及怎样保持其中国校区的教学/研究标准。在海外分校中维持相同的英国学术标准非常重要，因为它直接关系到招生、机构声誉及海外校园未来的走向。现在，中国的许多英国国际分校都痛苦地意识到，依靠知名学者短期中国兼职，以及发布在网站或报纸上的广告都具有较好的招生吸引力，但在分校不间断招聘并维持足够高素质的员工质量并不容易。2012 年，英国高等教育质量保障局（QAA）对中英跨国教育机构的评估凸显了这一问题，这一点也在高等教育智囊团 Agora 的报告中得到了回应：

> 许多英方副校长和其他高级管理人员前往中国，在那里进行各式各样的应酬，他们觉得这是一个很好的工作场所。因此，他们倾向于认为：每个人都会认为去中国工作会非常有吸引力。这

是一个错误。在中国长期工作要困难得多。短暂的高级管理人员出差和长期在中国工作之间存在天壤之别，需要面临和解决很多难以想象的困难。❶

现有文献显示，英国的国际分校已经被"英国员工不愿出国"这一理由所困扰。❷ 由于这两个国家之间的教育资源不平衡，意识形态差异，研究产出减少的风险或个人的家庭承诺，英国核心学术人员不愿来中国校区。❸ 此外，即使是那些选择在中国工作的人，也很难说服他们长期保持这种状态。这意味着在华的英国机构在不断失去已经实地积累了当地丰富知识的管理者或者学者。正如鲁珀特所说：

> 显然，要让别人去做我正在做的事情是非常困难的。现在申请这些职位的人一般都不是英国人！但是，如果我要离开的话，要找到合适的英国人做部门主管是非常困难的，例如，××部门的负责人就是德国人。（鲁伯特，高级经理，50多岁，在中国2年）

值得注意的是，来自本国主校区的学者，特别是英国学者，似乎比英国国际分校中的其他学者更受学校招聘方欢迎。萨尔特（Salt）和伍德（Wood）强调，主要从本部借调过来的学术群体包括高级管理人员、语言教师、博士后研究人员以及可能在英职业上升空间小的研究人员。在笔者的研究中，参与者发现相同大学的学术移民之间存在明显的差距：他们中的大多数都是在其职业生涯的早期阶段的经理或学者。而在"科研黄金时期"（35~45岁）的"研究活跃"员工相对缺少。来自主校区的学者，特别是那些处于"黄金时期"的学者，被认为是使中国校园与英国校园维持"相同学术标准"的"关键"。这意味着招聘更多来自本部的成熟学者是分校最大的需求，

---

❶ Gow, Fazackerley A. British Universities in China: the reality beyond the rhetoric [R]. Agora: The Forum for Culture and Education, 2007.

❷ Wood P, Salt J. Staffing UK Universities at International Campuses[J]. 2017（3）：1–19.

❸ Gow, Fazackerley A. British Universities in China: the reality beyond the rhetoric [R]. Agora: The Forum for Culture and Education, 2007.

第七章 跨国流动动机：移民政策和日常

因为他们的到来能使得分校嵌入更多的象征性资本或学术资本。这就是为什么这一群体比其他地方的学者更吃香。

萨尔特和伍德进一步表明，由于缺乏来自"祖国"的学者，其他国家的外国学者经常被这些国际分校直接招聘作为"本土研究人员短缺"的替代选择。其中，许多来自印度、斯里兰卡、巴基斯坦、孟加拉国、美国和其他欧洲国家。但是，笔者的研究参与者说，到目前为止，这些国际工作人员似乎都是"临时工"，这意味着他们没法长期工作；而且如果本部突然出现空缺职位时无法对他们进行调职回本部去，那么对他们的个人学术生涯也不利。招聘国际工作人员可被视为一种有效的短期方法，可以暂时解决英国教学人员短缺的问题。然而，这种"紧急措施"可能与 IBC 的长期发展不相容，一位负责人认为这会影响预期的教学和研究质量：

> 是有一个后果，最好能让我匿名，雇用的人不如我们预期的那么好。大多时候，如果你在自己的国家找工作有困难，你只能开始在亚洲寻找工作。（Andy，经理，50 多岁，在中国 3 年）

国际分校的学术质量至关重要。基于对中国跨国教育政策和战略的研究，袁[1]认为，跨国教育保持长期成功的关键是保持高质量的英国教学标准，而不是过于沉迷于经济收益。萨尔特和伍德回应袁，写道："成功取决于能否继续招聘具有良好学术和行政专业知识的员工，他们能够代表本部的学术和管理质量，同时也适应非英国的工作语言环境。"目前的担忧是，国际化招聘并不能有效弥补高素质人才的短缺。因为大家一般会觉得国际分校的教学质量和研究质量不一定有本部的好，少有高素质的教学人员（无论他们来自哪里）愿意加入。

解决的方案是，改变招聘策略或提高管理水平，使在华工作对高素质员工更具吸引力。一份校园审查报告提出：作为学术研究型大学，所有合

---

[1] Yuan Y. Acquiring, positioning and connecting: the materiality of television and the politics of mobility in a Chinese rural migrant community [J]. Media, culture & society, 2014, 36（3）: 336-350.

格的学术人员都需要拥有高等教育研究生证书或同等证书。进一步说，学校认为，分校教学质量手册的制定需要提上日程，并且应该为中国校区的初级员工提供 PGCHE❶ 以外的员工培训机会。学校还建议：为新到的学术人员召开介绍会，以确保他们知道如何在新的学术环境中以预期的高效率工作。此外，建议英国大学海外分部不断提供和验证培训模块；并建立同僚教学观察系统。当笔者在收集研究数据时，一个来自主校区的经验丰富的高级负责人正在以戏剧表演的形式推出"改进版"的中国文化培训讲座。但是，笔者从受访者那里收到的反馈并不全是肯定的，一些人认为它"有趣"但不"实用"。

为了吸引更多"最优秀的员工"，该大学提供有吸引力的薪酬，以及福利住宿、医疗保险、儿童入学和搬迁补助等福利待遇。首先，对于住宿，每位员工每月约有5000元人民币（500英镑）的津贴。有单身学者公寓及员工酒店客房可供整个移居家庭一同搬迁。如果想要去除了大学提供的住宿之外的地方居住，大学的后勤支持团队可以帮你在校园附近或市中心找到合适的地方，也会教你怎样应对校外生活。中餐和西餐均由学校餐厅提供，菜色尤其适合国际学者。其次，在差旅方面，大学提供机票，用于往返行程。此外，每年都有几次机会飞回英国或飞往其他国家参加会议。再次，由于中国政府的医疗保险不适用于外国人，学校为学者和陪同的家庭成员购买了私人医疗保险。该市有几家医院设有专门对外国人开设的独立的候诊室和最新的医疗设施。对于那些担任学术职位（讲师及以上）的人，学校也会为其子女提供国际学校的教育支持。最后，该大学会协助排查所有进出中国的个人物品。

大多数参与者对目前在中国工作的经济收入表示满意。实际上，这是许多人选择来的主要原因之一。中国政府对外国人的三年免税政策对英国学者在中国拿的实际工资产生了巨大影响。克莱尔表示，这是她在早期职业生涯阶段迅速实现"经济资本积累"的"战略举措"：

---

❶ 英国大学高等教育专业。

第七章 跨国流动动机：移民政策和日常

在我的同事中，有些人很开心，有些人不高兴。很难说他们是对是错，因为一个人梦寐以求的工作是另一个人的噩梦。但是，我们都同意一点：钱是好的。除了工资之外，你还可以获得5000元人民币的住房补贴，前3年你不需要纳税。如果你考虑到中国的生活成本要低得多，那么在中国进行的为期3年的生活可以为你带来一笔可观的财富，在英国通常需要6年才能挣到。（克莱尔，讲师，30多岁，在中国1年）

然而，高收入的优势并不像大学招聘广告所说的那样简单。该大学采用了基于年薪的三种类别的工资制度（三级人员配置战略）。第一类，从英国主校区借调的正式工作人员会按照本部"标准学术人员工资"发放（详细工资标准见表7-2）。第二类，通过国际招聘任职的外籍员工的工资高低取决于大学的实际需求，一般会参考类似的中国国际大学工资制度。第三类，由于该大学采用两种不同的基于两个国家标准（中国和英国）薪酬制度，中国行政人员（由大学在中国直接招聘的中国人）的工资采用中国大学标准工资（大约是英国行政人员工资的十分之一）。在采用三级人员配置战略时，所有类别的招聘都会签订雇用合同。参与研究者提到薪资差异在很大程度上取决于招聘类别：

说实话，如果你签得到合适的合同，这的确是一个赚钱的好地方。但是在这里有时候能力水平和所得工资不一定挂钩。例如，我的一位拥有伦敦大学博士学位的同事正在教授硕士课程，他的工资居然低于只拥有硕士学位的英语导师。工资的高低完全取决于你签署合同的地方。如果你在英国签署并以英镑支付，你自然会比在中国招聘的同事获得更高的工资，即使他/她教授更高级别的课程。（莎拉，英语家教，20多岁，在中国2年）

对于部分员工来说，这所大学的假期安排得很棒。他们一年工作35周，却能拿到全职工资。这比其他"真正"全职工作的员工要划算得多。这个空子能钻是因为我们的工作安排以日历年而不是学年计算。当然他们还有假期补贴，这要按周算。（安迪，高级研究员，40多岁，在中国4年）

表7-2 英国国际分校标准工资（来源：大学官方网站，25/02/2014）

工作种类	职业等级	年薪（英镑）
学者或者研究人员	教授或者副教授	£57031（最低）
	讲师	£33562~£45053
	高级研究人员	£36661~£45053
	初级研究人员	£25013~£31644
行政主管	院长	£47787~£57031
	技术主管	£36661~£45053
	高级心理咨询师	£36661~£45053
	研究生院主管	£28132~£36661
办公室人员	行政人员	£21597~£25759
	图书管理员	£16705~£19802
后勤人员	技术人员	£21597~£24289

促使英国学者作出留下或离开中国分校的决定的一个关键因素，是大学工资制度与中国对外国人的税收政策之间的平衡。中国和外国（如美国和英国）之间有特定的税收协定IBC的英国学者，在中国工作的头三年不需要纳税。在中国进入第四年后，英国学者必须按照当地政府的规定按月薪和税收比率进行纳税，如表7-3所示。由于支付或不支付税款可以在个人收入方面产生巨大差异，许多人选择在第四年离开。

表 7-3　2013 年中国收入税收标准（来源：中国国税官方网站，25/02/2014）

税收比率（%）	月薪（人民币，元）
3	1~1500
10	1501~4500
20	4501~9000
25	9001~35000
30	35001~55000
35	55001~80000
45	80001 以上

有趣的是，一些"聪明"的外国学者学会了如何绕过中国的税收规则。虽然合法免税只在中国持续三年，但在某些情况下，地方政府税务部门无法追查外国人在中国其他城市的税收历史，让部分人有机会利用法律体系的漏洞。因此，他们选择离开中国一段时间，例如一个学期，然后回到另一个中国城市工作，可以重新开始在中国的"免税"体验。然而，2014 年三年的免税政策被取消，尽管某些大学能够通过谈判保证那些已经开始减免合同的人继续享有待遇，但新员工将不再拥有这一特权。

二、来自"下方"的限制：学术移民流动如何受到专业实践中学术优势（劣势）的影响？

第一部分探讨了跨国资本交换如何影响学术移民流动（受国家政策和制度规则影响）。这项研究建立在此基础之上，认为学术移民流动不仅仅是以资本交换的可能性为导向，而且在很大程度上受到被被采访者的"东道国"制度带来的日常体验的影响。这是因为虽然在国外工作对学者来说可能非常有吸引力，但在"东道国"工作的日常现实却一般十分艰难，具有挑战。[1]因此，本节主要关注中英跨国学者在跨国学术工作场所日常工

---

[1] Gow, Fazackerley A. British Universities in China: the reality beyond the rhetoric [R]. Agora: The Forum for Culture and Education, 2007.

作的体验,看看这两组学者如何与国家或地方的限制相磨合,又是如何受其影响而改变他们的跨国流动轨迹的。

(一)中国学者

1."为什么我们不能留下来?"英国对中国学者的政策限制

值得注意的是,近年来高技术移民回国的人员数量一直在飙升。这种"人才回流现象"主要是由于移民政策的限制和"东道国"政府奖学金的减少。中国作为"人才"的最大输出国也受到了这种现象的影响。例如,从 2000 年到 2005 年,中国回流的学者人数几乎增加了两倍。研究统计数据显示,从 2005 年到 2013 年,中国知识分子的回流量增加了 25%。[1] 目前的回迁趋势让我们有理由看看英国政策的新变化是如何影响英国的学术移民走向的。

在英国,高技能移民(包括学术界)的移民政策逐渐受到限制。更具体地说,最近的政策调整使硕士学位获得者在英国得到长期职位越来越困难。2008 年 3 月,高技能移民计划(HSMP)被基于 Tier 1 签证的移民体系所取代。新的签证制度(实际上早在 2006 年 11 月根据 HSMP 引入)显示出对年轻(28 岁以下)、全职工作和高薪(高于英国平均收入)申请人的强烈偏好,[2] 而有较高水平的文凭并没有造成大的差异(学士学位 30 分,硕士学位 35 分,博士学位 45 分)。此外,自 2012 年 4 月起取消"毕业后就业缓冲"(PSW)签证使大学毕业生更难在英国定居。

因此,对于那些想进入英国学术界的中国学者来说,他们在英国的文化资本是通过系统的教育过程随着时间的推移而获得的。而相对苛刻的英国移民政策是他们必须"越过"的障碍。借用布尔迪厄的话来说,这群人往往是属于"被制约"的人,因为他们还没有完全掌握"游戏"规则。新

---

[1] 陈程,吴瑞君.国际移民理论中的回流研究——回顾与评析[J].西北人口,2015,36(06):18-22.

[2] The new point-based Tier 1 visa assessment system (valid since April 2010) looks for higher 'quality' migrants.In order to get 5 points, the applicant's income has to be at least 25000 GBP. While it is hard for young applicants to reach the requirement, as the median wage in the UK for all jobs is only about 20000 GBP. http: //news.bbc.co.uk/1/hi/8151355.stm (25/July/2014)

第七章 跨国流动动机：移民政策和日常

手必须为他们的第一场比赛购买"门票"，以便充分了解"游戏"的价值并获得有关它的实用信息。许多早期职业华人参与者在采访中表达了他们对政策限制的看法，并说明了这些政策对他们在英国逗留的影响。首先，如上所述，新政策的主要变化之一是更为严格的收入换算分数要求。胡博士说，大多数早期阶段的研究人员很难达到新的移民政策标准：

> 根据过去的收入标准，20000 英磅等于 15 分。但是现在，如果你想获得 15 分，你需要赚 30000 英镑，高出约 50%。现在 20000 英磅只等于 5 分。因此，像我这样的年轻研究人员将不再符合新的政策标准，因为我的收入分数较低。（胡，研究员，30 多岁，在英国 3 年）

其次，拥有博士学位的申请人将无法再直接获得英国的高科技学术移民签证。最后，大多数中国年轻学者不满足年龄要求。

> 根据新的政策标准，即使您拥有英国博士学位并符合收入标准，您也需要年龄在 28 岁以下。在中国，我们通常在本科期间学习 4 年，在读硕士期间学习 3 年；在英国，您只需要 3 年的本科生和 1 年的硕士学位。所以，这意味着如果你在中国攻读硕士学位，你将很难在 28 岁之前完成英国博士学位。总之，我们很难有资格申请英国高技术移民签证。（胡，研究员，30 多岁，在英国 3 年）

而那些通过英国移民政策"严苛"筛选并在英国大学或研究机构获得一席之地的幸运者也完全有理由感到担忧。在财政方面，由于全球经济危机，英国的科学和研究经费自 2010 年以来经历了预算削减。[1] 对英国研究

---

[1] Wang Zhongcheng, UK's Resaerch Funding and Trend in the Post-crisis Era (《后金融危机时代英国科研经费投入的特点和趋势》), Prospects of Global Sci-Tech Economy (《全球科技经济瞭望》), （25/July /2014）

部门的沉重打击迫使包括中国研究人员在内的许多国际研究人员对他们的未来有了二次思考。除此之外，还有一些与现行移民政策有关的实际问题。已经在英国学术界工作了5年的温博士指出了他对陷入所谓"归化"困境的担忧：

> 我想我现在处于一种"归化"困境。中国法律规定公民不能持有双重国籍。如果您持有英国护照，您可以环游世界，这对我的学术生涯而言非常方便。但是，访问亲属或在中国长期居住时则会受到很多限制。我的父母、妻子和孩子都在中国，我必须定期去看他们。因此，我选择拥有永久居留权，只有这样才能保留我的中国护照。（温，研究员，30多岁，在英国居住5年）

总而言之，越来越多的中国学生选择出国接受硕士教育，然而，越来越严厉的英国移民政策和金融紧缩使得留在英国学术界或者R&I（研究与创新）部门越来越难。这可能逐渐导致中国学术移民被动地从英国回流到中国。

2."我们为什么不能回归？"中国人才政策的限制

需要指出的是，虽然中国政府已经启动了"千人计划"及归国的相关项目，但在5000万海外华人中，只有2万人被政府认定是高技能和领先的专业人士。[1] 换句话说，大多数中国学术移民自身无法契合"千人计划"，取而代之的是加入类似的地方计划。在这种情况下，一些加入地方计划的参与者表示，来自中国的英国籍专家（持有英国护照）与英国本土专家之间在收入和福利方面存在很大的不平衡。例如，根据他的经验，甄教授说：

> 我起初虽然可能适合外国专家的"千人计划"，但后来我发现他们只对外国人感兴趣。尽管我有英国护照，但我不是一个"纯粹的"英国人，因为我出生在中国。由于我原来的国籍，我无法

---

[1] Wang L. Higher education governance and university autonomy in China, globalisation [J]. Societies and education, 2010, 8（4）: 477-495.

第七章　跨国流动动机：移民政策和日常

加入该计划。我比他们更了解中国，我也具备专业知识，但我必须因为我原有的国籍而加入另一个项目！所以我得到了更低的待遇。（甄，教授，50多岁，在英国23年）

周教授也分享了他的"不公平"经历，他说：

我有一个很好的例子，一位英国专家在我所在的同一研究中心申请了一个职位，大学给了他更高的薪水。有一天，我遇到了他，他知道我在这个专业领域比他好，所以他希望我成为工作主持人，他可以担任副主持人。但是，由于我们的国籍，我们的薪水与我们的职位不符！它确实伤害了我，因为在某种程度上我为了祖国放弃一切，我从未想过我是英国人而不是中国人。这不公平。但是，我知道如果我想回到中国，就需要妥协。（周教授，60多岁，在英国28年）

虽然中国海归可以通过跨国流动将其文化资本转化为更有价值的其他形式的资本，但不平等仍然存在。资本来源国在跨越海洋的资本交换中发挥重要的象征作用，在实际的交换过程中也会造成社会资本分配不均衡。因此，这种资本不平衡不仅存在于中国本土学者和中国海归之间，也存在于"纯粹的外国"学者和中国换掉国籍的学术移民之间。这说明了布尔迪厄理论中遗漏的一件事，即国籍本身可以被视为跨国教育背景下的一种资本形式。而这一论点也和学术移民在教学过程中受到的待遇相呼应。我们可以看到，分校的中国学生更喜欢来自英国或其他国家的教师，而不是从英国或其他地方返回的中国学术移民。因此，笔者认为有一种特殊的除了国籍以外的"形象资本"，作为象征性资本的一种形式在跨国资本交换过程中运作，导致不同情况的拥有同一种国籍的学者之间的待遇不平衡。

3. 停留问题：为什么我要考虑移动（或不移动）？

对于那些已经在英国定居的人来说，处于不同职业阶段的中国学术移民面临着不同的困难。40多岁的王教授担心他的退休金：

> 我在英国待了将近30年,但由于我在英国学术界只工作了20多年,我退休后无法获得全额退休金。(王,高级研究员,40多岁,在英24年)

相比之下,30多岁的朱博士更担心她的父母。由于英国的移民政策,她不能把她的父母带到英国。她说:

> 谈到回国,我的主要动机之一是我的父母。他们有权来英国,但只能是短期行程。例如,如果他们想留在这里更长时间,他们必须回到中国等待一段时间,然后再回来。随着我父母年龄的增长,再加上母亲患有心脏病,长途飞行不再适合他们了。所以,我担心我没有机会好好照顾他们。此外,他们不可能改变国籍,因为英国的政策限制了移民的父母,只有父母一方或双方在中国失业有一定年限(即没有收入,依赖子女)可以有权成为英国公民。我的父母都是退休教师。他们无法适用被纳入失业范畴。(朱,研究员,30多岁,在英国8年)

需要指出的是,孝道在移民决策过程中起着非常重要的作用。孝道的概念与亲子关系的亲密程度和质量有关。如果移民政策在某种程度上阻碍了"感谢并偿还父母的照顾和牺牲"❶,那将极大地影响家庭成员之间亲密关系的质量(秦琴)并最终影响学术移民的计划。

当然,选择回到中国的华人学者也必须做出许多"妥协"。例如,虽然中国的学术归国者有很多优惠待遇,如税收、保险、住房、医疗保健、儿童教育和配偶的职业规划等,但中国的政策依然未能满足中国科研海归的一些必要所需。例如,李教授指出,因为她没有加入国家"千人计划",

---

❶ Yeh K H, Yi C C, Tsao W C, et al. Filial piety in contemporary Chinese societies: a comparative study of Taiwan, Hong Kong, and China [J]. International Sociology, 2013, 28 (3): 277-296.

第七章　跨国流动动机：移民政策和日常

而是参加地区性的学者计划，医保对她来说仍然是个问题。她说：

> 决定回国以后，我不得不放弃在英国那梦寐以求的终身教授职位。现在，我的工资/待遇远远低于我在英国能得到的水平。我没有养老金，无法参加中国的社会医疗保险，必须在中国购买商业医疗保险。虽然大学确实为我的医疗保险支付了部分费用，但问题是我患有糖尿病和高血压。由于我现在服用的所有药物都是在英国生产的，我不能使用我的中国商业医疗保险申请报销进口药物。（李教授，50多岁，在英国19年）

王的研究表明，随着中国人口因独生子女政策的实施而迅速老龄化，未来10~30年内的机会窗口正在关闭。[1]例如，有些人才项目无法为回归中国的学术移民提供全面的医疗服务。然而，研究表明，"40岁以上的中国专业人士十分关心福利并需要稳定的收入"。从这个意义上说，"国家政策的与时俱进很重要，因为只有这样，海外人才才会在变得更加自由有更多选择的全球化背景下，选择最终的回归"。[2]

布尔迪厄研究中的一个基本结论是，社会阶层的分化或多或少地因教育相关资本而加强，而教育系统则主要由精英主导。然而，当你使用布尔迪厄的理论作为检验归国学者和当地学者之间的互动性质的工具时（杨教授的案例），有两个问题需要考虑。其一，大多数归国学者虽然是中国人但由于所受教育一般来自国外，还是相对而言缺乏当地的学术资本。其二，尽管这些精英学术归国者具有很高的学术成就和可转换的文化资本，但因为他们中的大多数已将国籍改为英国，中国不承认双重国籍。因此，英国和中国的政策不仅需要考虑吸引国际学者，而且要考虑他们随后如何融入工作场所和整个社会。

---

[1] Wang L. Higher education governance and university autonomy in China, globalisation [J]. Societies and education, 2010, 8（4）: 477–495.

[2] Harvey S. Storage, Archiving and Migration: A Moving Target [J]. Pro Sound News, 2013: 56.

（二）英国学者

中国学者在"东道主国"工作环境里产生的"问题"相对较少，他们一般对于中英两国政策提出问题更多。相反，在中国的英国学者往往没有移民政策方面的问题；他们更担心的是他们在学术自由、学术实践和管理方面遇到的实际困难，这些往往是影响他们未来流动性的关键因素。这个实证章节旨在提供一个新的视角，来研究高等教育机构是如何不仅被（重新）看作一个跨国工作场所或学者的资本积累区域，还是一个塑造人们日常工作经验的物质空间。这种物质性的、与学术移民日常工作和生活不可分割的空间，如同空气一样，平时很难被注意到，但在人文地理学者的眼中却十分重要，因为它会影响学术移民的工作体验，从而或多或少地会成为影响学术移民去留的主要原因之一。

1. 分校合作流程复杂

中国分校难以留住足够多高水平英国学者的一个原因是，一些英国学者主观觉得在中国的分校环境并不一定理想。英国智库 Agora 发布的报告❶也引起了人们关注，评论员突出强调了英国高校与中国当地机构的合作流程等比较复杂的问题。这些问题不仅考验了英国大学开设分校时的本土适应性，而且这也与英国学术移民决定中国留在工作密切相关。

对于许多西方人来说，中国是一个相对不太了解的地方，对其高等教育领域也是如此。为了向更先进的教育体制学习，中外合资大学在过去十年中受到了中国政府的欢迎（见第二章）。❷ 在实践中，这些 IBC 的主要挑战之一是，如何理解和适应中国教育法规。当高级经理迈克参与 IBC 早期建立阶段时，他就迅速察觉到了这个挑战：

在中国经营国际大学就是存在一些实际问题。当我们在这里确定课程时，我是部门的负责人。我们所有讲授的科目都要用自

---

❶ Fazackerley A, Worthington P. British Universities in China: the reality beyond the rhetoric [R]. Agora: The forum for culture and education, London: Agora, 2007.

❷ Ennew C T, Fujia Y. Foreign Universities in China: a case study [J]. European journal of education, 2009, 44（1）: 21-36.

己的规范。我们必须提供很复杂的课程内容说明，以便它们能顺利在中国开设起来。我们花费了大量的精力准备，在这个过程的最后，还有一个开课要求被写到文件里，以供批准，那就是我们的学生们必须接受……嗯……马克思主义教育！英国的主管说我们必须接受，否则中国政府不会给我们在中国办大学的许可。这是不容商量的。（麦克，高层主管，60多岁，在中国8年）

中国有着悠久的政治教育历史。政治课在历史上有各种各样的名称，如礼教课、经学科、修身课、公民课、马列课，以及"两课"。1993年，中共中央和国务院发布了《中国教育改革和发展纲要》。为了适应高等教育改革和社会发展的要求，中国的大学显著改变了政治课的教学内容，在大学层面推广了"两课"，包括"马克思主义原理"和"思想品德"。2005年，一个全国性大学课程计划（由中国教育部通过）给予了政治课一个新名字——"思想政治理论"，用以取代原来的"两课"。课程被改编为四门必修课——马克思主义思想基本原理，毛泽东主义概论，邓小平理论和"三个代表"重要思想；以及中国近代史，思想道德修养，形势与政治，当代世界经济与政治等多门选修课。与这些具有"中国式"思想教育的中国大学不同，IBC经过谈判，同意在校外提供必修政治课程。大学的中方负责人安排了这项工作，并将其局限于中国本科生在开始学位前接受的第一年预科课程，而非像中国其他大学里中国学生通常要上的四年制课程。

2. 学术实践问题

尽管与其他中国大学相比，跨国大学的英国导师通常对他们拥有的教育自由程度持积极看法，但仍然常有被"约束"的情况，特别是教学方面的问题。英国导师报告的一个关键问题是，他们为自己教授课程补充材料的自由度有限，他们无法根据特定学生的需要选择材料，因为他们教授的课程都是制定好的，使用的是由行政办公室批准的材料。

对于大学而言，这一决定背后的原因部分是基于APR（年度绩效评估）的压力。在行业中领先并提升大学的公众形象，也是在中国市场取得成功的关键，教学绩效观察是 APR 的一部分。观察通常持续约两个小时，以检查课程目标的完成效果。包括课堂观察前后的附加会议，整个观察持续约四个小时。观察结果不理想意味着教师将不会获得年薪增长。

从行政角度来看，预科一年间对于基础教材的限制应该是合理并可以接受的。然而，从英国学者的角度来看，选择教材的自由度有限，可能会在实践中引发问题。参与者报告了与来自中国农村地区、特大城市或外国的英语教学标准不同的学生一起工作时遇到的多重困难。被规定好的教材对于这种复杂的情况毫无帮助。也有一些人不同意："我只认为每个人都有对于工作的期望，而当他们的期望得到满足时，便会被负面解释。因此，那些导师的说法与大学没有关系，只是他们对现状的负面解释。"（简，英国导师，30 多岁，在中国 3 年）。

努达尔（Nuttall）和爱德华（Edwards）表明，教学场所可以"提供一系列的课程模式"，并"为教师教育提供一个新的锚点"。这些飘扬海外的学者也会在新的教学舞台上找到自己新的"锚点"。[1] 诚然，跨国工作经验可以是一个资本积累过程，使学者能够理解不同的社会和文化之间的联系，从而使得他们的学术生涯更为丰富、更为成功。但是，我们不应忽视跨国工作环境也存在限制，这些限制意味着学者的资本不仅可以累积，在某些情况下也会减少甚至贬值。

例如，学校曾经允许在职教师成为国际英语语言测试系统（雅思）考官，但这一规定从 2013 年年初开始被撤销，这意味着英国语言教师无法再将考官作为除校内正常教学外的兼职选择。这会影响他们的财务收入和职业发展。尽管如此，一些老师在接受采访时表示自己仍在周末秘密离开校园参加雅思口语考试。其中一些人对工作自由的限制表示担忧，也在其他地方积极寻找类似的职位。一位英语教师评论说：

---

[1] Nuttall J, Edwards S. Teacher education research and the role of place [J]. Asia Pacific Journal of Teacher Education, 2014, 42（2）: 103-104: 103.

第七章 跨国流动动机：移民政策和日常

> 我能理解，大学不希望雅思考试影响我们在学校的学术职责。但这个问题不仅与我们的收入有关，而且还会影响我们自身的技能，以及在我们行业中很有价值的专业资格。降低技术要求会对我们未来的就业能力产生负面影响。看起来学校只关心其未来在中国的扩展，而不是我们的职业发展。（大卫，英国导师，30多岁，在中国2年）

就未来发展而言，对于特定的英国学者群体来说，资本也可能会贬值。正如前面提到的那样，对于那些被提供了高层管理人员职业机会的优秀学者或者事业生涯刚开始的年轻学者，他们在中国的工作经验将被视为一把金钥匙，因为他们有机会在英国或中国获得更快的晋升机会（不同学科的优势各不相同）。然而，其他活跃在研究领域的英国学者中，有人担心在一个处于起步阶段的国际分校（International Branch Campus，IBC）工作存在不确定性，这可能会导致他们的研究声誉受损。❶

大多数参与者暗示，虽然大学为他们提供参加国际会议的机会，但这与他们在英国得到的诸多参会机会无法相比。这主要是因为两国之间的物理距离和教育差异，因为"研究交流主要在发达国家的大学间进行"。❷因此，据报道，他们在英国的学术网络也受到了影响，这不仅是因为参加会议的不便，也由于IBC在英国的声誉不如英国母校：

> 我在一次会议期间遇到的学者问我，建立IBC是不是就像建立麦当劳这种连锁企业一样。嗯，说实话，我感到被冒犯了！（威廉，读者，40多岁，在中国2年）

在那些有项目资金支持并与当地机构有合作的学者中，研究设施的质量始终是一个问题，特别是对那些需要使用高质量实验室的参与者而言。

---

❶ Wood P, Salt J. Staffing UK Universities at International Campuses[J]. 2017（3）：1-19.
❷ 同❶.

在出版方面，大多数参与者指出，多亏现代通信，他们出版物的质量和数量并未受到真正影响。有时他们甚至会从中国政府的项目或其他中国研究团队那里获得更多的出版机会。然而，由于中国普通期刊在国际上影响力较小，一些学者，特别是人文学科的学者，不愿意接受这种机会：

> 我是有机会在中国出版的。去年，当地政府联系了我，并让我担任他们一个城市规划项目的负责人。他们提供的报酬很好，并答应帮我把相关的工作成果用中文发表出来。但是我觉得没啥意义，毕竟学术评价体系不一样。（约翰，教授，40多岁，在中国3年）

3. 管理问题

学者积累海外经验的一个重要方面是经历一种新的管理方式，这种方式受到当地教育系统和陌生工作机制的影响。据报道，大学目前的管理风格是英国学者不满的主要原因。当被问及管理质量时，这两位参与者评论说：

> 从任何一个层面上看，最主要的问题还是管理。管理中所有事情都有延迟，因为几乎所有的决策都必须先在英国通过。（亨利，讲师，30多岁，中国3年）

> 这里的管理层或多或少地处于主要权力地位。我认为大学是经济驱动的。他们把英国教育作为产品出售给中国，所以他们需要与中国人合作。这可能是他们越来越多提拔那些了解中国却缺少管理技巧的人的原因。我不得不说，虽然我们大学做了很多广告，宣传自己的好名声，但它已经从很多学者的愿望清单上消失了。（莉莉，高级讲师，30多岁，在中国1年）

在与参与者讨论管理问题时，"权力"是他们在描述在中英两国经历

第七章 跨国流动动机：移民政策和日常

差异时最常用的关键词。重要的是，不是所有员工都会理解和接受"以权力为中心的管理风格"（同事之间强化的等级关系）。据反映，某些部门的管理人员还是专业和善解人意的。但是，许多工作人员仍然说，跨国大学的一个问题是，管理实践可能会根据差异很大的东西方逻辑方式进行运作，这令他们不太容易接受。

鉴于大多数英国学者在英国的经历，不太可能在这边接受他们感到不熟悉的情况。然而，正如艾米所说，一个开在中国的大学便意味着"中国的工作方式"，是可以预见的。既作为学习者又作为从业者的管理者处于一个无法避免的尴尬境地：他们要与中国政府、英国本校的领导、中国行政人员以及来自不同国家的外国学者进行协调。他们面临一系列不同的"规则"，这些规则决定了他们在试图做"对的事情"时遇到的困难，同时"对的事情"这个词在如此复杂的工作环境下也不知所指。

压力不仅来自英国高层管理人员，也来自中国行政人员。举例来说，一名参与者说，几年前，行政办公室向一群学术工作者发送了一封电子邮件，通知他们在固定的时间和地点参加会议，这引发了一些问题，大多数受邀者拒绝出席，因为他们觉得自己没有被"尊重"。但是，对于大学里中国合作伙伴雇用的行政人员来说，常识是：团体会议时间应由管理者来确定，而不是由所有团体成员决定。在对当地工作守则认知不足的情况下，大多数参与者对他们受到的待遇感到沮丧，尽管所有人都明白他们的中国同事没有恶意。这一观察结果与多博（Dobos）研究里所说的海外学术经历相呼应（这一研究聚焦于跨国学者在马来西亚一所境外大学的工作）。

的确，尽管在中国建立跨国校园的原计划是为了保护英国大学原汁原味的特色并将其作为有价值的教育资源。但事实上，这并不一定能实现。对于这种环境中的员工来说，这将永远是一个难题，因为他们会无意识地拒绝，只因为它不同于"它应有的样子"，而没有意识到不必要用完全否定的方式来看待它。新环境的工作是悄无声息地变化的，然而，一位学者对这一变化抱有相反的看法：

这个机构似乎采用了等级制的工作文化。有一类经理主要想要提升他们自己，而不是促进学校成功和进步。所以，令人沮丧的是，我们的焦点从"做好工作"转变为"一切听领导和指挥"。因此，他们总做出很糟糕的决定。如果你不与同事讨论你的决定，他们就没有机会告诉你，从他们的实践观点来看你会遇到什么样的问题。所以，几个月后，这些疯狂的决定最终就会像一场灾难。他们知道自己的决策导致了问题，但他们执迷不悟地单独做决策。所以就会有许多奇奇怪怪的决策。英国大学通常有自己很好的工作文化，但出于某些奇怪的原因，那种文化在这里消失得无影无踪。这一点也不像我们的主校区。（尼克，高层管理，50多岁，在中国5年）

尽管某些部门学者和管理者之间的权力关系，可能由于不可预测的个人和集体原因而发生变化，但并不一定与所谓的"中国处事方法"有关，但有些参与者指出，与中国行政人员有关的问题有时会嵌入"中国特色"：

我的一位中国同事告诉我，大学正在招聘那些懂中国文化的人，尤其是管理职位。有时在整个面试过程之前他们就明确地知道会雇用谁。我不知道这是不是真的，这实际上也并未影响我的工作，因为我不经常看到他们。（戴安娜，讲师，20多岁，在中国1年）

在这里，他们工作时不遵守规则。例如，员工公寓（条件不错）几乎满负荷运转，很难有空房间。为了在员工公寓中占有一席之地，你需要证明你在中国有家庭成员，并且真的需要在等候名单前列。然而，一些不在名单前面的人搬进了员工公寓，只是因为他/她和负责人有关系，或者他/她私下直接从刚离开的住户那里拿到了钥匙。这太不公平了！（詹姆斯，教授，50多岁，在中国6个月）

总的来说，收到关于大学管理方面的反馈有好有坏。观察得出，个人的接受能力会极大地影响人们对海外工作期间"规则"变化的态度。正如一位经验丰富的教授所说：

> 总的来说，工作人员中有不少不愉快的面孔。也许这是一个古板的英国人的事。我知道他们对所有事情都要无病呻吟两句……有时候挺烦人的……如果你对中国了解够深，你会明白你觉得不可接受的事情在这里没什么大不了。你绝不能指望一切都以与英国完全相同的方式运作，我认为事实上这并不现实。他们看起来有点娇纵，也忘了他们因为那些不便而得到过高的报酬。（Paul，教授，60多岁，在中国6年）

基于这些对分校校园管理的不同看法，值得注意的是跨国学术工作环境是一个相对复杂的地方，包括管理者、国际学者和其他大学员工之间的各种学术、文化、社会交往和冲突。管理困难不仅会影响参与者"回国"或"去其他地方"的决定，他们对本校正考虑去分校发展的学者也有无法预知的影响，因为消息通常是"口口相传"。（德瑞克，讲师，30多岁，在中国3年）

4. 个人问题

如前所述，在中国的IBC里，招聘不同年龄段的国际学者时的所得人数存在巨大失衡。萨尔特和伍德对这个问题的解释也在笔者的研究中得到证实。例如，注意到自己可能错失职业生涯机遇、在一个相对不成熟的跨国大学（可能缺乏学术网络、实验室使用权等）可能对研究声誉造成损害。然而，我还发现这种年龄差距现象背后的一个主要原因是家庭责任。其中一家机构的高层负责人评论道：

> 来中国的有两类人。一类是像我这样年纪稍大的人。他们的孩子长大了，并且来到这里后他们会是资历最深的人；另一类可能是

年轻人，他们尚未结婚或没有孩子，所以更容易来。但这里缺少的是 30 多岁或 40 多岁的人。让处于这两类之间年龄段的人来华是很困难的。因此，就是这个原因让工作人员来到这里变得更加困难，也是为什么申请的人更少了。（加里，教授，50 多岁，在中国 3 年）

尽管分校同意在住房和学校教育方面为家庭搬迁提供奖励，但真正的支持设施，如国际学校，还不太能达到英国的标准。例如，许多有年幼孩子的参与者担心国际学校的质量和该地区儿童有限的教育资源。分校所在的城市只有两所新建成的国际学校，其中一所靠近校园，而另一所距离校园一小时车程（大多数英国参与者在中国不开车）。参与者说最近的那所不能为儿童提供令人满意的教育，而去另一所又不方便。杰克是两个小孩的父亲，他说：

> 这里不是上海或北京，这里的英语学校很差。在这个城市只有两所学校是全英语授课的，也都很糟糕。我的儿子在这里住了两年，就因为学校的问题回国了。我在英国的同事也知道这件事，因为人们会互相传话。这对任何搬到这的人来说都是个问题。（杰克，英国导师，30 多岁，在中国 1.5 年）

与那些受到研究要务压迫的职业生涯中期员工相比，成熟的管理者或教授的职业生涯可能会因他们的跨国经验而锦上添花。❶ 从逻辑上讲，将足够多的英国高层管理者带到中国并不是一个大问题。然而，一位经理长期的人力资源经验也表明，儿童的教育问题确实实际影响到任何有子女和家庭责任的人，即使对某些高层管理人员也是如此。这是大学很难找到合适的英国籍部门领导人的原因之一。他说：

> 其中一个主要问题是如何招聘英国高层管理。他们马上

---

❶ Wood P, Salt J. Staffing UK Universities at International Campuses[J]. 2017（3）：1—19.

第七章 跨国流动动机：移民政策和日常

四五十岁了，如果他们有小孩，那么搬到另一个国家是比较困难的，而且其中一些人确实有小孩。我有两个儿子，不过他们已经长大了。他们可以在没有我的情况下在英国生活和工作。（鲁伯特，高层管理，50多岁，在中国2年）

另一个待解决的问题与养老金有关。从2011年起，英国学者的退休年龄从60岁提高到65岁。对于那些新加入养老金计划的人来说，他们的退休金将根据他们整个学术生涯的平均工资，而不是退休前的最高工资来计算。由于平均了最高和最低工资，现在的养老金与改革前相比相对减少。这项改革也引起了在中国的英国学术移民的担忧，因为在中国停留的时间越长，他们未来的养老金可能就越少，因为大学分校不负责支付英国的养老金。许多参与者，无论年龄和性别，都对他们的退休金表示担忧：

薪水是不错，但却不含养老金。我们在中国工作期间必须自己支付国民保险费，否则我们将在退休后陷入贫困。（尼克，教授，50多岁，在中国6年）

英国学者如果继续留在中国工作，就不能依赖他们的英国养老金体系，而使用中国养老金制度也被证明在目前是不切实际的。根据中国法律，所有机构必须为员工提供"五险一金"，其约占员工基本工资的40%，具体包括养老保险、医疗保险、失业保险、工伤保险、生育保险和住房公积金，除非根据适用的双边社会保障协议提供豁免。实际上，参与者透露上述基金其实对他们是无用的。由于他们大多数人只在中国停留三到五年，没有必要购买失业保险和养老保险，因为他们不会在中国退休。他们更需要的是医疗保险。但是，中国的医疗保险没有达到英国的标准，因此大学需要为外籍员工购买额外的商业健康保险。不仅是大学的负担，也引起了学术移民们的不满：

大学说他们的套餐包括健康保险，但当你看到他们提供的确

切内容时，其实包含的很少。（安迪，高级研究员，40多岁，在中国4年）

校园环境还好，我是说，如果你把它和中国其他地方比较的话。但如果和英国的待遇相比，那它看起来就不太安全了。缺少火灾报警器是一个显著的问题，建筑物内的温度有时也令人不适。我了解到一名工作人员在工作时受伤了。但管理层不遵守工作安全或工作保险法，也就意味着他将获得有限的补偿或养老金，这本来是清楚写在中国法律里的。退休金相当于中国的平均工资，这个数额若回到英国将无法生存。（玛丽，讲师，30多岁，在中国1年）

三、结论

在21世纪后期，中国和英国都对他们的有关学术界的移民政策进行了调整。一方面，中国正在利用其多元化的科学投资、长期的人才战略规划和有效的经济刺激计划，吸引中国学术移民重新为国家服务；另一方面，英国正在利用其移民政策作为过滤器，以便在高技术移民中接收到"最优秀和最聪明"的人。它在某些方面导致了中国学者在英国的就业机会较少及在中国更高的安置可能性，从而促进了通过地域上的安置进行资本交换的可能性。对于那些没有担任终身职位的中国学者来说，利用中国的政策轻松地将他们在中国的职业发展到更高的水平，可能在心理上和经济上具有双重吸引力。

中国的IBC也强调，其推广的关键因素是其国际招聘能力。中国的一家跨国大学强调了在海外校园招聘高素质员工的重要性："我们的员工是我们成功的基础。我们的大多数成就都取决于员工的素质。我们对未来的抱负和愿景意味着我们比以往任何时候都更有能力吸引、留住并激励最高素质的员工。"虽然优惠的招聘政策并没有真正解决人员配置问题，但对于

第七章　跨国流动动机：移民政策和日常

那些选择在中国工作的英国学者来说，他们带有的文化资本仍然受到重视，并且大多转化成了经济资本。

在本章的第一部分，以初步分析当前国家和制度对于中英跨国学术环境的影响为基础，笔者将布尔迪厄的观点"让教育系统成为维护法国社会秩序的基础设施之一"，拓展为更高层面的跨国学术环境。笔者认为，随着教育标准和制度在空间上的变化，学者的空间流动性可以被视为通过实现跨国资本交换来"再现社会世界的等级体系"的"捷径"。很明显，通过中央政府机构的共同努力和机构资源的大量投入，学术移民流动性可被视为向各国传递资本的有效方式。如第一部分所示，学术移民在英国积累更"有价值"的文化资本后，可以通过空间上的流动和对国家或机构政策的参与，将其文化资本转化为其他形式的资本。然而，尽管布尔迪厄的资本积累理论可以解释一些中国学术移民的动机，但它无法说明他们行动中情感和非经济的部分，特别是那些已经拥有足够的经济手段来济生的学者，他们追求更多与"爱国情怀"和自我价值相关的东西。

在讨论了流动性和资本交换后，本章的第二部分建立在一个关键的观点上，即在跨国时代，当下的定居只代表移民终身跨海移动轨迹中的一个点，因为"移民永远不太可能到达他们的目的地，因为他们从未真正离开家园"。[1] 这一部分梳理了复杂困难中的一些线索，它们与中英学术移民对来自"下方"的国家和地方限制的回应相关，表明了资本积累的可能性（在第一部分进行了讨论）不意味着学术移民将欣然接受他们在"东道主"大学的工作生活。

本章的这一部分表明，与"主"和"客"教育领域"游戏规则"相关的一些差异问题，阻碍了学术移民在许多情况下的资本积累，或发生其体现的资本的贬值。因此，笔者认为，对于学术移民而言，流动性不仅仅是培养资本的单向过程，还可能导致其嵌入式资本贬值。这意味着流动性不能简单地定义为资本的一种形式，正如荣格[2]在有关德国的中国学术移民

---

[1] Ley D, Kobayashi A. Back to Hong Kong: return migration or transnational sojourn [J]. Return migration of the next generations: 21st century transnational mobility, 2009: 119-138.

[2] Leung M. Of corridors and chains: translocal developmental impacts of academic mobility between China and Germany [J]. International Development Planning Review, 2011, 33 (4): 475-489.

流动性研究中说的那样——流动资本。在笔者的研究中，流动性是资本积累或贬值的过程，而不是资本的形式本身。目前的基础困难和潜在的资本贬值可能直接影响学术移民接下来流动的趋势。

总之，本章阐明了国家政策和中英大学在当今国际高等教育格局中是如何帮助形成了短暂的学术移民流动；相应地，基础性困难作为另一个从"下方"流动的驱动力，与国家或机构法规以及"上方"的跨国资本交换进行协商。通过以"来自上方的跨国主义"和"来自下方的跨国主义"的理论框架来构建本章，笔者认为学术移民流动是一个不仅包含机会也包含了挑战的持续性过程。这一研究指出了现有学术讨论中关于"学术移民流动仅仅作为一种资本积累方式"的局限性，并试图提供一种新的视角来看待基础跨国经验如何不仅被（重新）看作一种特殊职业阶段或一种学术的资本积累，更是塑造、指导和产生跨国学术移民流动的重要因素。

第八章　跨国工作环境：
校园空间和物品

在前几章中，笔者指出学术移民在跨国移动中经历了不熟悉的学术场域、陌生的当地社群的交流模式以及不同的教学方法等。本章将研究重点转向移民们在客居地工作的高校。在跨国校园中，他们在特定的空间中工作、生活，然而这些空间却从未得到研究者们足够的重视。现有的关于学术移民的文献经常忽视了"地方"和"空间"的重要性——这两个概念将帮助研究者充分理解学术移民现象，因为移民的日常生活深植于"地方"中，且无法分离。❶❷

在本章中，笔者将探讨"地方"是如何影响学术移民在不同地方的日常工作、生活经历的，通过审视校园中不同的空间来深入了解学术移民的日常生活。笔者尤其关注大学校园中的实体空间，如办公空间、公共休闲空间等——这些空间有力地塑造了学术移民工作经历，然而在现有的高等教育研究中却未得到应有重视。通过强调地方的重要性，本章表明，大学校园对学术移民的工作生活有着重要影响，而非仅仅充当无关紧要的背景。

日常经历实际上是嵌入于每天的物质生活并具有社会展演性的实践

---

❶ Tuan Y. Place: an experiential perspective [J]. Geographical Review, 1975, 65（2）: 151. Cresswell T. Place: A Short Introduction [M]. Oxford: Blackwell, 2004.

❷ Ho E L, Madeleine E D H. Migration and everyday matters: sociality and Materiality [J]. Population, Space and Place, 2011, 17（6）: 707-713.

活动。[1] 采用将"社会性"和"物质性"紧密结合的研究视角，对于研究移民日常生活深有裨益。[2] 由此，本章的研究问题主要是：①学术移民的地方营造行为如何塑造校园中特定地方的物质性，以及如何被不同地方的物质性塑造？②学术移民的社会关系如何在校园中一系列空间中展现出来并相互影响？笔者将采用布尔迪厄提出的"惯习"概念，思考高等教育工作环境中"社会性和物质性如何在日常生活中持续性地相互影响"。[3]

本章的实证部分将通过讨论学术移民的不同空间中的实践来支撑文中的关键论点。本章着重选取了参与者在校园中三个空间的经历——工作场所、社交场所和居住场所。本章阐明了：①深植于特定地方中的日常人际交往"游戏规则"；②不同地方对学术移民社交活动的影响；③外来的学术移民是如何改变这些地方的。此外，本章的各个部分将均对实证讨论进行反思，进而论证笔者的主要论点。

一、工作空间的物品

对于学者来说，办公室是工作场所的重要位置。[4] 在本节关于理解和塑造学术移民的日常工作的讨论中，办公空间既不是一个不变的实体容器，也不是固定的制度化背景，而是一个由物体、制度规则和社会互动构建的地方。本节将讨论物质性和空间性在塑造学术移民在工作场所中日常经历的作用。笔者认为，对大学中的办公空间的研究，将有效地帮助学者理解在跨国高等教育背景下能够影响移民工作经历的各种社会、文化和体制形态。

---

[1] McGregor J. Spatiality and the place of the material in schools [J]. Pedagogy, culture and society, 2004, 12（3）：347-372.

[2] Ho E L, Madeleine E D H. Migration and everyday matters: sociality and Materiality [J]. Population, Space and Place, 2011, 17（6）：707-713；707.

[3] Orlikowski W J. Sociomaterial practices: exploring technology at work [J]. Organization studies, 2007, 28（9）：1435-1448：1437.

[4] McGregor J. Spatiality and the place of the material in schools [J]. Pedagogy, culture and society, 2004, 12（3）：347-372.

第八章 跨国工作环境：校园空间和物品

（一）物质性和学术移民的日常工作中的地方营造

1. 在中国的英国学者

正如前文所述，笔者调研的大学是第一批得到中国教育部办学许可的中外合办高校之一。该大学由英国的一所世界知名大学和一个中国的教育集团合作办学。英方负责提供教学、科研材料并建立整个教学体系，中方教育集团则负责各类行政事务和维护校园设施。所有的基础设施由中方提供，包括教学楼、餐厅、办公楼、绿地、学生和教职工宿舍等。由于这些基础设施在设计等各方面与英国母校有着显著差异，来华任教的英国老师在使用这些设施的过程中，个人身份认同和归属感发生了重构。

本研究中的参与者通过他们独特的方式营造自己的办公空间，而他们日常工作的跨国性也在地方营造的过程中得以体现。许多参与者向笔者展示了他们的家庭合影、学生们送的礼物和贺卡、研究组合照等。大部分参与者的办公空间以及办公空间装饰品的选择都极具个人风格。这些充满个性化的地方营造行为将原本无主的空白办公空间变成了一个充满个人意义和归属感的地方，正如润姆斯蒂克（Riemsdijk）所指出的"地方营造行为和归属感密切相关"。❶

总体来说，参与者办公空间的装饰风格大体可分为两类。第一类是"来自过去生活的物件"。第二类是装饰办公室的方式是"中式风格"。

在第一类装饰风格方面，许多参与者向笔者展示了很多来自他们过去工作、生活中的旧东西，这些东西大多体型较小、易于携带且对参与者具有重要意义。例如，有些参与者通过将和"家"有关的图片放置在办公室内，来（重新）创造他们的归属感。艾伦展示了他办公桌上的一张照片，并告诉笔者这张照片是他父亲拍摄的家乡风景：

> 当我在英格兰，或者当我在这里时，每次我领到一张无比干净的办公桌后，我都想把它变得更有生活气息、更有趣一点。我

---

❶ Riemsdijk V M. International migration and local emplacement: everyday place making practices of skilled migrants in Oslo, Norway [J]. Environment and Planning a, 2014, 46（4）: 963-979.

非常幸运地拥有一个身为职业摄影师的父亲。我用过的好多张办公桌都摆满了他拍摄的照片。这些照片的好处有好几个：一是让我暂时忘记了我在工作；二是它们都是苏格兰风景，这让我想起了家乡；三是让我想起了爸爸和他高超的拍照技术、常用设备等。这不是思乡，我已经来中国快十年了，但偶尔'重回'家乡的感觉还是很棒的。（艾伦，英国讲师，在中国10年）

从艾伦的讲述可以看出，乡愁呈现在他办公桌上的照片中——这些照片展示了长期根植于他记忆中的家乡（苏格兰）的形象，他怀念家乡却从未真正回归。艾伦的照片让他产生了"家的感觉"，正因为这些感觉让特定的物体变成了艾伦过去回忆中的历史文化的可视化表征。这种行为可以看作通过无生命的物体来完成的归属感再造。这种地方营造的过程不仅体现在艾伦的例子中，在许多参与者中都有所体现。

图 8-1 艾伦的办公室和他在办公桌上贴照片的习惯（照片由参与者拍摄）

许多移民研究者已经发现，移民希望通过在日常生活中使用具有特殊意义的物件，重造一种"在家的感觉"和"归属感"[1][2]。该论述也反映了

---

[1] Rosales V M. The domestic work of consumption: materiality, migration and home making [J]. Etnográfica Revista do Centro em Rede de Investigaoem Antropologia, 2010, 14（3）: 507-525.

[2] Ho E L, Madeleine E D H. Migration and everyday matters: sociality and materiality [J]. Population, Space and Place, 2011, 17（6）: 707-713.

第八章　跨国工作环境：校园空间和物品

图片或照片在保持移民者关于"家"的回忆中具有重要作用。这里的"家"是一种个人情感和感觉的存在，而非实体建筑。布朗特（Blunt）和唐琳（Dowling）写道："家通常被理解成一个记忆的场所，一个代表了想象中的起源和过去的时间符号，隐含了一种对无法回归的过去的渴望。"❶ 在艾伦的例子中，照片代表了他对于父亲、故土和过去生活的记忆，而这种记忆与他在中国的"客居"和"当下"的实际经历相去甚远。对于跨国学术移民来说，"家"是一种特殊的存在，也是一种帮助他们适应从一个国家到另一个国家快速变化的工作环境的"武器"。当工作的大环境改变的时候，他们的"家"是唯一一个保持不变的（虽然家乡实际上也在发生变化）。"家"对于移民者来说，是一种帮助他们继续跨国旅程的力量。这不仅仅是身份和过去的符号，也可以成为回归的借口或者继续客居国外的理由。

办公桌上的图片表达了艾伦对"家"（苏格兰）情感上的依恋，在客居地重新创造了一种对于家的归属感，并为其继续应对新的工作场所、环境提供了情感支撑。但是，除了探讨寄托于特定物件的学术移民个人记忆和移民经历中的物质性文化之外，从时间和空间的维度探讨学术移民和物件之间不可分割的相互关系也是同样重要的。笔者发现，通过在不同工作国家使用类似的实体物件，归属感的产生也具有了跨国性。例如，艾伦告诉笔者，他在不同的国家都采用了这种装饰办公室的方式，这种方式让他感受到了快乐和满足感。

> 我在许多国家工作过，像英国、澳大利亚、日本，现在是中国。但无论我有过什么样的办公室，我总是把这些照片放到我的办公桌前。当我在办公室见学生的时候，他们看到了这些照片，总是问我关于苏格兰的事情。这也成为我和学生开始一段谈话的契机。（艾伦，英国讲师，在中国10年）

他这段话的前半部分表明，地方营造的行为具有跨国性，不被国界所

---

❶ Blunt A, Dowling R. Home [M]. London：Routledge，2006.

束缚。无论在哪里工作,办公室都用同一种元素进行装饰,并展现出移民的个人风格。例如,对于喜欢鲜花的人,一个插着百合花的花瓶可能出现在其在伦敦、东京、北京或其他任何地方的办公室当中。这段话的后半部分则反映出,归属感的再建不仅仅是用实体物件或者移民身体力行地展示出来,还是具有社会功能性的。相似的论点在莱瑟姆(Latham)关于奥克兰郊区的城市生活形式的研究[1]和科林斯(Collins)关于奥克兰的韩国国际生的烹饪消费选择的研究中都有体现[2]。因此,办公桌空间中这些"家"的照片可以看作一种可视化的名片——艾伦有意摆出照片来向他人展示自己的来源地。正如艾伦所说,这些照片推动了他和学生之间的交流,因为"许多时候,人们无法独自讲述自己的生活故事和他们拥有的经历"[3]。这表明,实体物件能大大促进艾伦和他学生之间的交流的熟悉程度和创造性。

总体来说,艾伦的叙述表明,实体物件的社会性隐喻具有跨国性的特征,这也是为什么无论他在哪个地方工作,他一直将这些照片摆放在办公室里的原因。努卡嘎(Nukaga)指出"跨国惯习可以看作是个体用以顺利通过跨国界社会场域的'文化工具箱'"。[4]艾伦在不同国家的工作场所使用来自"家"的照片,就是这个所谓的"文化工具箱"里的工具之一,来增进他和本地学生之间的社会交往。

在第二类装饰风格方面,一些英国学者经常在自己的办公室里摆放或悬挂中国结、折扇、红五星、中国茶和书法作品等,如图8-2所示。和那些来自移民家乡或过去经历的物件不同,这些中国风格装饰品大多不是移民随身带过来的。在大多数情况下,这些物品可能是之前使用办公室的人

---

[1] Latham A. The making of a heritage site: Ponsonby Road, Auckland[J]. University College University of New South Wales, 1999.

[2] Collins F L. Of kimchi and coffee: globalisation, transnationalism and familiarity in culinary consumption[J]. Social and cultural geography, 2008, 9(2): 151-169.

[3] Rosales V M. The domestic work of consumption: materiality, migration and home making[J]. Etnográfica Revista do Centro em Rede de Investigao em Antropologia, 2010, 14(3): 507-525: 511.

[4] Nukaga M. Planning for a successful return home: transnational habitus and education strategies among Japanese expatriate mothers in Los Angeles[J]. International Sociology, 2013, 28(1): 66-83.

第八章 跨国工作环境：校园空间和物品

图 8-2 办公室里的中国风格装饰——传统中国折扇（照片由参与者拍摄）

遗留的，现在的使用者觉得"扔掉就太浪费了"，或者是学生们赠予的礼物。本研究的参与者大多将它们看作自己在中国工作、生活过的痕迹，而且它们可以让自己的工作空间"有生机、多姿多彩以及充满异国风情"。而且这些礼物也表明，他们的中国学生在以一种"中国的方式"尊敬他们；这些礼物也提醒移民们努力工作、尽到自己的教研责任以回馈学生。从这个角度来说，把这些异国物品带入一个他们原本就缺乏归属感的地方也是合乎逻辑的。

许多参与者之所以被赠予中国风格的礼品，是因为中国学生"假定"他们是外国人。参与者强调，不管他们的个人喜好如何，本地人眼中的外国人或其他社会身份限定了他们在中国收到的礼物范围。中国人通常相信外国人喜欢这些"中国传统礼物"，就像那句俗语所说的，"民族的就是世界的"。经常被英国学者收到的中国传统小礼品很少被送给其他中国同事；因为送给中国同事礼物，礼物中不需要带有强烈的"中国性"（Chineseness）。对于不同同事选择不同的礼物，这揭示了"种族"如何影响多民族社会背景下的社会行为；带有中国风格的实体物件也阐释了人际交往的"游戏规则"。这些挂在墙上或者是摆在办公桌上的物件不仅仅是来自学生的礼物；它们反映了几百年来根植于中国人文化和日常生活中的特有社会惯习。在本研究的案例中，惯习不仅与社会阶级或地位相关，也与民族性密切相关。

综上所述，英国学者的地方营造过程和归属感的再造与他们办公空间中的实体物件密切相关。这些物件不仅仅是无生命的装饰品，更是在提升跨文化社会交往、推动高校工作中的有效交流等方面发挥了积极作用。因此，"物件不仅仅'表达''代表''反映'或'具体化'各类社会关系，更造就了这些社会关系"。❶

2. 在英国的中国学者

在本节中，笔者将说明中国学术移民在英国大学的办公空间中的不同经历。需要指出的是，在机构层面上，中国在全球知识经济中属于"学习者"，而英国则是"知识提供者"。因此，中国学者出国访学或工作的情况就变得非常常见——这不仅能提升移民本身在自身专业领域的资历，也有助于提升他们在母国的高校的地位。❷ 中英之间不平衡的学术地位，不仅催生了移民个体和高校在跨国空间里寻求资本积累的行为，也改变了学术移民对两个国家的大学校园空间的期望和态度。

总体来说，和在中国工作的英国学者相比，英国校园中的中国移民对他们的办公环境持一种更加积极的态度。因为在中国的大多数大学，只有正教授级别或高级别行政人员才能拥有单独办公室，其他教研人员只能和同事共用办公室。"干净""整洁""宽敞""舒服""人性化设计"等关键词经常出现在中国学者对西方国家办公空间的评价中。"向先进国家学习"这一概念在中国学者的观念中根深蒂固，因此他们的这种正面评价也就毫不奇怪了。

对于研究参与者来说，办公室不仅是用于工作的被墙封闭起来的实体空间，也隐含了他们在新环境中需要适应的各种工作规定。空间中的实体物件也和在英国学术圈中各类社会文化惯习相关，这些惯习往往意味着有

---

❶ PovrzanovicFrykman M. Cosmopolitanism in situ: challenges for ethnography[J]. 2010: 8.

❷ Leung M. Geographical mobility and capital accumulation among Chinese scholars: Geographical mobility and capital accumulation among Chinese scholars[J]. Transactions of the institute of British geographers, 2013, 38(2): 311-324.

Leung M. Unraveling the skilled mobility for sustainable development mantra: An analysis of China-EU academic mobility[J]. Sustainability, 2013, 5(6): 2644-2663.

第八章 跨国工作环境：校园空间和物品

些事可以做、有些事不能做。例如，当参与者谈论他们的办公空间时，所有人都被看作正直且诚实的（外国同事即使在不了解彼此的情况下，也认为对方是正直且诚实的）是他们提起的重要一点：

> 办公室里的某个柜子是放办公用品的地方。这很方便，如果你用完了什么东西，只需要自己去拿就好了，不用做什么登记。我记得有一天，我的电池用完了，就去那边拿了一些，被我老板看到了。让我吃惊的是，第二天早上，他们在柜子里放了一整盒电池，因为他们知道我下一次也许还用得着。这想得多周到！这完全是基于信任和自觉的。（王菲，讲师，在英国已有 8 年）

吴非，一位已经在英国某大学物理系工作三年的年轻学者，同意王菲的看法，并给我展示了他系里信箱的照片，如图 8-3 所示。

图 8-3 吴非系里的信箱（照片由参与者拍摄）

> 我经常在想，这些信箱都没有锁，外国人怎么保护他们的隐私？我有时候都能在这儿看见我们的工资条，但似乎没人会有兴趣看别人的信件。我觉得这是他们把自己的"诚实"当成了锁，

去防止自己的信件或者资料丢失。（吴非，研究员，在英国3年）

从许多中国学术移民的角度来看，英国的学术文化是一种更加成功的范本。许多参与者发现，诚实和正直在中国历史上是儒家主流价值观的一部分，这些品质在英国的工作环境中得到了更准确且更明显的体现。因为在他们看来，英国能提供给他们中国社会已经难以寻迹的中国传统优良品质，他们在英国感觉更像是在"家"。

在英国的中国学者很少会通过办公室的装饰或者其他物品展示自己的"中国人"身份。不同于在中国的英国学者，中国学者发现客居国（即英国）的大学环境更加符合他们的核心价值观，因此他们觉得没必要再在目前的工作场所中通过强调自己原有的文化背景来再造归属感。在大部分案例中，中国学者的办公室装饰更多地表明他们的职业而非文化身份。例如，一位在现代中国学院工作的讲师办公室可能和中国文化更相关；但物理系的中国教授可能会有一些展示其研究或爱好的物品，而非其文化身份的。

而且作为一个少数群体，有些人选择在工作场所中尽力淡化自己的中国身份，因为他们不想被归于"他者"。原有文化身份于中国背景下的英国学者来说是优势，而对于在英国工作的中国学者来说却是劣势。有些中国学者在其早期学术生涯中由于缺少文化资本而曾经痛苦地"移位"（dislocation）。在中国身为"精英学者"的骄傲和在新地方的早期事业发展中强烈的"文化乏力"，这种心理落差导致了中国学者承受了一定的"压力和身份认同危机"。经历过一段时间的困惑后，他们通过自我调整和职业能力的提升，学着让自己适应这种暂时的身份贬值情况。就像他们用"学术能力"来弥补"文化乏力"。因此，他们更倾向于强调自己的学术能力而非国家或种族身份。这一点在王峰博士身上有很好的体现。

> 我认为在这个大学里，我把自己看作一个学者而非一个中国人。我的国籍没有我的身份那么重要。虽然我不得不承认我和英国人之间有文化差异，但是我待得越久，就越明白我的位置和责

任，对文化差异的感觉也越不明显。（汪峰，高级讲师，在英国已有 10 年）

对于中国问题专家来说，中国身份可以说是一张"王牌"，但对其他领域的学者来说就没那么有用了。对于这些学者来说，在客居国的学术圈中中国文化资本的贬值也是他们没有在办公空间中宣扬自己文化身份来源的原因之一。例如，当你进入物理系的公共办公室的时候，你很难一下子认出哪张桌子是中国学者的。在办公空间中隐藏（或至少是不强调）个人文化身份是中国学者有效地缩短和其他学者之间的文化差异的方式。

3. 讨论

地方营造重新创造了"产生个人重要性的土壤"，而实体物件可以是"当前移民经历的翻译工具"。❶通过审视学术移民日常工作生活中的物质性隐喻，可以发现英国学术移民更加依恋于不同的物体，因为他们希望保持在不同地理区位的日常工作环境的一致性。对他们来说，使用这些物品的经历不止是一种对来自家乡的物体的情感依恋，也是因为这些由他们带到"客居"大学的物体不仅再造了他们的身份认同和归属感，也同样在促进他们和本地学生之间的社会关系中起到了积极作用。

同时，对于在英国的中国学者来说，办公空间中的物品同样有积极的社会效应——这些重建了他们对客居工作场所的认知，并再造了基于客居工作规定的归属感。除了那些以中文为工作语言的学者，其他中国学者的中国身份在英国工作环境中绝大多数并不能用作"文化工具"，所以他们中的许多人选择"隐藏"自己的"中国性"，并在工作场所中更加"职业化"。

中英学术移民同属一个社会阶级，因为他们在一所国际高校中"有着相似或邻近的地位"。但问题是，由于他们的文化渊源明显不同，他们没有一样雄厚的文化资本。而且，来源于他们母国的嵌入在他们目前日常生活中的文化资本在客居国却起着完全不同的作用。参与者办公室中的实体物件表明，在中国的英籍学者的英国文化身份是一种有价值的文化资本，

---

❶ Rosales V M. The domestic work of consumption: materiality, migration and home making [J]. Etnográfica Revista do Centro em Rede de Investigaoem Antropologia, 2010, 14（3）: 507–525: 511.

而在英国高校中，中国身份仅对小部分中国问题专家或中文教师是有利的，而非整个移民群体。基于对办公室装饰的研究，文化之间的不平等也是早就中英学术移民之间不同的地方营造实践的重要因素。

布尔迪厄的理论在解释这种"跨国学术不平等"中并不完全适用，因为布尔迪厄的理论是基于单一文化而建立的，其原著中即为法国社会。所以，这不是一个布尔迪厄在其著作中经常讨论的社会阶级问题，而是一个地理问题。本节的实证研究能够为布尔迪厄的行为理论提供一个更加跨国的视角。总体来说，不能脱离物质性而去研究移民，而且文化资本贯穿整个"人和物的流动过程"。❶

（二）变化中的办公空间和演化的惯习

1. 在中国的英国学者

本节将讨论进入一个全新的机构后，学术移民使用办公空间的方式发生了哪些改变，进而探讨他们演变中的惯习。在中国调研期间，笔者做访谈的时候经常看到半空的书架和办公室前任使用者遗留的物品，这说明英国学者并未完全使用他们在中国的办公环境。参与者解释了为什么他们没有像在英国时那样，认真地对待自己在中国的办公空间。露西对空置的书架（图8-4）的看法是：

图8-4 办公室里空着的书架（照片由参与者拍摄）

---

❶ Rosales V M. The domestic work of consumption: materiality, migration and home making [J]. Etnográfica Revista do Centro em Rede de Investigaoem Antropologia, 2010, 14（3）: 507-525: 512.

第八章　跨国工作环境：校园空间和物品

把我所有书运来的运费太贵了，而且我也不想以后再把他们运回去。我可以在网上找到电子书和论文，没什么大区别。（露西，讲师，30岁，在中国已有1年）

露西的态度很合乎情理：丰富的在线资源让她有了充足的理由不把大量的书籍从英国运来。中国的国际化分校和英国的主校区、中方合作机构和当地图书馆共享图书馆资源。中国校区的图书馆有7500册教科书、250000册其他种类图书以及 Aleph/Metali 期刊系统。而且主校区提供10500种在线期刊资源和数百万册电子书。许多参与者表示目前的在线资源能够满足短期内大部分的学术需要。对于英籍中国问题专家来说，中国校区能提供更多的英国难以得到的第一手资料。显然，学者们在办公室里没有相似藏书量的情况下也能保证在中国期间的日常工作运转。地理距离和网络技术改变了他们曾经使用办公空间的方式。

不仅是书籍，学者自身也在办公空间中缺席了。笔者访谈的许多学者都表示他们大多数时间选择在家工作，而不是很麻烦地经常跑办公室。大卫是一个英国教授，就提到他每天都在办公室里使用自己的咖啡杯，并将其看作和其他同事相比，自己经常使用办公室的标志：

你看，这是我的杯子。我每天用自己的杯子喝咖啡而不是使用一次性纸杯。我的一些同事想尽量少来办公室，所以他们会使用纸杯。因为他们也没打算在这里待很多年，所以他们也没必要像我一样整理桌子和使用设施。（大卫，教授，48岁，已在中国4年）

纸杯不是唯一一个反映人们缺席的物体。有趣的是，当笔者在校园调研时，发现许多办公室门上的窗都覆盖了窗帘、纸和其他材料。设计这些窗户的初衷是出于安全和道德规范的考虑。但是，一些学者对这种缺乏隐私的设计感到不满，感觉"一直被监视"或者"像一条鱼缸里的鱼"等。他们出于保护隐私的考虑遮住了这些窗子。同时，正如笔者被告知的那样，许多学者也将这种遮挡想象成办公时间之外"逃离"他们办公室的"掩饰"。

> 如果你挡住了窗户，其他人就不知道你在办公室里干什么或者你在不在办公室。这是一种维持公共形象的聪明办法。（大卫，教授，48岁，已在中国4年）

学术移民们会减少他们在办公室里的活动，而更多地在家工作或选择别的工作地点。这里，别的工作地点则取决于特定大学的空间布局（即"新的周围环境"）是否让学者们有除了办公室和家以外的工作地点。就像大多数中国大学一样，本研究选定的校园中，教研人员大多住在校内宿舍中。

> 我在下班后会在家工作。你知道，我住在教职工宿舍——从办公室走路5分钟就到了。有时候，办公室和家之间的距离改变了很多。例如，如果你的办公室离家有两个小时的火车路程，你可能花更多的时间待在办公室里，因为这样的话利用课间或会议之间的时间往返办公室和家就很不现实。但如果你住在学校里，你可以在上课前十分钟再从家出发，这就意味着你可以在家待尽量长的时间。（盖力，副教授，38岁，已在中国两年）

此外，还有其他原因导致英国学者尽量减少办公室的使用。例如，大学的快速扩张意味着教师人数的增加，也意味着公共外语课的教师需要共用办公室。虽然公共办公室在中国非常普遍，但英国学者对此却颇有微词；有些人选择少用办公室。不过有些学者已经获得了不同的资本以适应中国教育环境的需要，他们比其同事会更"有战略性地"处理办公空间问题。例如，汤米认为自己的跨国经历帮助他比那些少有跨国经历的同事可以更"理性""高效"地适应中国。

> 许多老师对于共用办公室这件事很不开心。但这在很多亚洲学校，甚至有些英国大学，都很普遍。在中国，我在类似的办公

第八章 跨国工作环境：校园空间和物品

环境中工作过很多次，所以我的经历的确帮助了我（适应现在的环境）。我有些同事之前是有独立办公室的，他们没意识到自己多么幸运。现在没有了独立办公室，他们只是不停地抱怨。我不在乎。我有耳机。如果我不想理会办公室其他人，我就戴上耳机，好好地待在我 3 英尺 × 3 英尺的王国里，如图 8-5 所示。（汤米，英语教师，35 岁，已在中国 7 年）

图 8-5　一个英语老师在使用耳机以隔绝噪音和其他分心的事（照片由作者拍摄）

成为学者的过程以及进行符合学术惯习的社交活动，需要适应国际化并接受"常规的"学术惯例和价值观[1]。科恩（Koehn）和罗斯洛（Rosenau）[2]也指出，"跨国者需要灵活地、有技巧地处理自身相对于不同社会环境的多个身份"，以融入更复杂的社会场所中。但对于本研究的参与者来说，他们接受"正常的"当地惯习的能力和处理多个身份的灵活性，与他们在自身跨国经历中积累的文化资本以及在客居国工作的时长和深入程度密切相关。以乔恩为例，他过去的跨国经历和对中国社会的深刻了解让他更能接受办公环境中的种种不同：

---

[1] Sliwa, Martyna, Johansson, Marjana. Playing in the academic field: Non-native English-speaking academics in UK business schools[J]. Culture & Organization, 21（1）: 78-95.

[2] Koehn P H, Rosenau J N. Transnational competence in an emergent epoch [J]. International studies perspectives, 2002, 3（2）: 105-127, 112.

关于 学者 跨国流动性的理论探讨和经验研究

　　我的办公桌在一个和其他36位老师共用的办公室里。我拿到办公桌的时候，它已经被安排好了，电脑在桌子的角落里。当我看到这种桌面布局的时候，我想，好吧，我并不怎么喜欢它，我觉得这样不舒服。但我没有去麻烦别人做这个做那个，我更倾向于自己解决问题。所以，我重新做了电脑排线，把电脑放到了一个我觉得更舒服的位置。我试图不去依赖我上司的帮助，而是表明我有能力自己解决这件事。我没跟他们（本地人）提，当他们看到我的桌子，也许会说："哦！这家伙自己搞定了，都没跟我提。他能独立解决这些事情。"我觉得这是我和某些同事之间很大的不同——他们只会抱怨并等着下班回家，却没人想过自己去改变。

　　另外的一件小事是关于一个灭蚊灯的。我桌子下有个灭蚊灯，它可是我在办公室的好朋友。因为我的办公室在底楼，窗户外还有一条不怎么流动的河和很多树，所以蚊子特别多。其他人也需要灭蚊灯，但他们一直等学校发。他们等待并一直在说"我们需要这些灯"！但我从第一天被咬，就自己买了一个，也没花多少钱。我宁愿自己快速解决问题，而不是很吝啬并坚持自己有权利从学校获得一盏灭蚊灯。（乔恩，英语教师，33岁，已在中国12年）

　　乔恩提到的两个事情表明，他不仅能观察、理解、接受在"混杂"场域里的"游戏规则"，而且养成了一种不同于他在母国的惯习的工作风格。在稍后的访谈中，乔恩还提到他之所以没有求助上司或中国行政人员去解决问题，因为他知道有时候行政报备手续比较繁杂，他过去在别的中国学校工作时有着类似经历。此外，用他的话来说，他的这种行为能给上司留下很好的印象。从他的跨国移动中，他创造了一种新的本地惯习；他也知道他做的事情也会被上司和本地同事所默许。乔恩在中英跨国场域中组织自己的惯习；这些惯习与当地中国学者的举动相似，但不同于他回到英国时的举动，也与同境遇下其他英国同事的行为大相径庭。在他自己看来，这种惯习对他未来的事业有好处，因为他在遵循"游戏规则"。这种随工

150

第八章　跨国工作环境：校园空间和物品

作场所而产生的惯习变化与笔者在前章讨论的资本积累密切相关。深刻理解当地学术圈规则是一种演进中的惯习，也是融入当地学术圈时的资本获取行为。

2. 在英国的中国学者

对于本研究中那些在英国的中国学者来说，在英国的办公室里工作意味着更少的工作时间和更多的"自由"。卫芳，一位35岁在医学院的研究员，对于她在英国的短期工作经历有着很积极的评价。她说：

> 他们并不怎么在意你每天在办公室待多久。我喜欢这种风格：他们给你一个需要一定时间完成的任务，你只需要在截止日期前完成就可以。团队并不在意你的工作过程。你可以在任何你想工作的地点工作，可以在办公室或者在家，但成果必须要好。我觉得他们给了我更大的创造空间和更多享受生活的乐趣。在中国的时候，整个团队经常在实验室工作到半夜。（卫芳，研究员，在英国3年）

林恩森（Lynton）和特格森（Thøgersen）指出，和中国人相比，西方的实验室负责人更强调个人主义、感觉、反馈和权力，但中国人则注重"把自己融入集体""锲而不舍""利用团队的力量"。[1] 因此，这并不难理解那些通过努力工作和加班加点来展示自己工作精神的中国学者为什么把他们在英国相对放松的工作经历看作是一次"生活方式的改变"。

但是，很难说这些中国学者的生活方式是否真的被英国的经历改变了，即使他们不需要在办公室或实验室花费太长的时间。杨维春是一位38岁的在某材料研究所工作的高级研究员。他告诉我，在离开中国到英国工作8年多后，仍认为"困难"是有意义的。"困难"在很多中国人看来是成功的关键。杨先生认为他的勤奋是他在英国学术圈特别的竞争力。他总是每天早上第一个来办公室，并在工作开始前去游泳。按他的话来说，这是

---

[1] NANDANI LYNTON, KIRSTEN HØGH THØGERSEN. How China Transforms an Executive's Mind[J]. Organizational Dynamics, 2006, 35（2）: 170-181.

"狐狸改皮不改性"。而"工作努力"就像是贴在中国学术移民身上的一个标签，很难随工作单位的大环境而改变，因为他们在中国被教育应当如此，这也是他们在竞争激烈的英国学术圈得以立足的原因。甚至有可能，客居地的工作环境强化了这一惯习，因为他们相信"笨鸟先飞"，为了积累尚不充足的学术资本，他们不得不在教研上花费更多的时间，这也是他们跨国移民的后果之一。

中国学术移民在融入当地学术圈的社交环境上，有自己的一套方式。抛却中国普遍奉行的唯物主义思想，许多移民试图通过信仰基督教来融入他们的本地同事。

> 在最开始的时候，我发现在这里很难交朋友。你知道，和中国相比，这里的学者之间非常独立。我们没有共用办公室，每个人也只关注自己的领域——我们没什么交集。有一天，一个同事问我是否有信仰，我说没有。他就把我介绍到了一个当地教会。那里的人们非常友好，有些教会成员也是我的同事，因为我们生活在同一个区域。通过一起读圣经，我们分享想法、生活中的问题和个人经历。有些同事通过这种方式成了我的好朋友，我们一点一点地建立了理解和信任，这也让我们在工作上展开合作。我发现这是一个双赢的局面，所以我把这句圣经引言贴到了墙上。
> （韶华，教授，在英国30年）

对许多参与者来说，拥有一个信仰不仅是在英国的异国经历中的个人精神追求，更重要的是，这是一种练习英语并建立和同事的联系的特殊方法。宗教活动可以看作是中国学者和外国同事（主要是英国人）之间的纽带。这个发现呼应了荣格[1]的研究。其研究表明，在德国的中国学者经常去教堂礼拜，实际上是一种在客居社会积累社会资本的行为。惯习不是客观给

---

[1] Leung M. Geographical mobility and capital accumulation among Chinese scholars: Geographical mobility and capital accumulation among Chinese scholars [J]. Transactions of the institute of British geographers, 2013, 38（2）: 311-324.

予的，而是被个人在他们日复一日的工作实践中，依托社会环境而创造、架构并复制出来的。

不同于乐昂只关注海外短期访学的中国学者，本研究还关注那些已经长住了几十年的移民。因此，本研究有略微不同的发现：有些访谈者表示他们只是把宗教活动作为一种加深对西方社会、文化了解的方式，而不是从一开始就真的信仰宗教；有些表示即使这么多年之后，他们依然很难理解基督信仰，但是友谊一直伴随着他们。在这些案例中，我们可以看到惯习是如何随着个体移民而改变的，以及惯习的变化是如何适应新的工作场所的"游戏规则"的。

3. 讨论

对于在中国的英国学者来说，较低的办公室使用率与校园的区位、家到办公室的距离、先进的通信技术和办公室的空间设计等相关。许多参与者选择尽量短时间地待在办公室工作，而校园里的其他私人空间或公共场所成为他们替代性的工作空间。对于大多数专任英语教师们来说，共用办公室仍然是不可接受的，这也是他们工作惯习改变的重要原因。虽然有些参与者，尤其是拥有更多跨国经历的参与者，认为共用办公室"不是个大事儿"以及"还能接受"，大部分参与者还是对局促的个人空间感到不满，也不在办公室里和学生长时间共处。值得注意的是，那些拥有更多跨国教学经历和中国工作经历的访谈者能够更灵活地解决由于当地规定而带来的改变和困难。但是，对于那些少有跨国经历的英国学者来说，办公室的低出勤率会让他们的"学校生活打折扣"，从而"影响制度化社会资本的转移和发展"。[1]

有趣的是，不同于在中国的英国学者，在英国工作的中国参与者认为共用办公室"很方便"，是"一个和同事交流的好地方"。在中国，共用办公室是一个社交空间而非一个工作场所。中国人在办公室工作的时候，一般不介意其他同事在聊天，而且他们认为办公室是让他们有一个"茶歇"的地方，并利用课间十分钟交流"八卦"的地方。因此，中国的共用办公室在功能上更类似于英国的公共休息室，而非一个单纯用于工作的办公空

---

[1] Leung M, Waters L J. British degrees made in Hong Kong: an enquiry into the role of space and place in transnational education [J]. Asia pacific education review, 2013, 14 (1): 43-53: 48.

间。由于在英国缺少这样可以积累有效社会资本的重要空间，许多中国学者把宗教信仰作为一个"文化工具"来积累他们的社会资本。

对于在英国的中国学者来说，基于大学规定，他们不需要像在中国时那样在办公室或实验室工作很长时间。但是，他们的惯习并没有因客居地的大学新规定而改变。这在一定程度上是由于，作为在英国学术圈工作的非本地学者，他们不得不在事业上花更多的时间和精力，以保证他们的学术产出在一个平均或更高水平。很明显，当地高校的场域并没有改变他们的工作方式。与之相反，同事间不可避免的竞争和在客居地相对较少的社会联系，强化了之前的惯习。需要指出的是，笔者在本节的讨论中涵盖了在实验室工作的人群。相比于那些经常在办公室工作的中国学者，这一部分人由于非常依赖实验室设备，他们和其工作场所的联系更加紧密。对于那些工作极其努力的人，他们甚至会为了全天候地观察实验而住在实验室。

基于上述关于惯习和地方之间相互影响的讨论，笔者认为：①学者使用办公室的情况在某种程度上和办公室作为实体空间的布局、地理位置相关；②相同的办公室布局（共用办公室）在不同移民群体中有不同的意义。对于英国学者而言，这不是一个便利的工作场所；而对于中国学者而言，这是一个很好的社交空间。关键的因素在于两个移民群体对隐私和噪声的容忍程度不同。

综上所述，本节强调地方在学术移民的跨国经历中的重要性。由于一系列制度、社会和文化上的显著不同，母国校园的工作场所不能完全复制到他国校园中。这意味着学者和其办公空间之间的互动关系会因国家而不同。笔者发现，空间营造的过程是嵌入在跨国移动性之中的：学术移民的惯习能够被地方影响，而地方也会被学术移民而改变。笔者认为，跨国校园中的办公空间是建立学术移民的归属感和身份认知的关键，因为办公空间的物质性对于塑造学术移民在跨国学术空间中的工作经历至关重要。

（三）新的"游戏规则"和同事间关系

1. 在中国的英国学者

虽然许多研究表明，移民新移入的地方对其惯习应该会产生一定的

第八章 跨国工作环境：校园空间和物品

影响❶，凯莉和卢西斯❷认为"移民们会根据他们在来源地所遵守的社会规则来对新环境加以判别"。在本研究中，如果英国学术移民一直用他们原有的期望和偏好来评判新的高教场域的空间使用规则，那交流障碍不可避免。

在中英合办高校的例子中，一份QAA报告指出，由于大学扩张，教职工对于学校基础设施和配套支持服务的需求大幅增加（QAA，2012）。中国校园也许在很多方面看起来和英国校园很相似，但在细节上仍存在很多不同。被访谈者指出他们在日常空间使用中的诸多不便。例如，迪克抱怨他的办公室在冬天暖气不足，如图8-6所示。

图8-6 迪克办公室里的中央空调控制器——当设定温度为30℃时，室内最高只有20℃（冬天室内温度会更低）（照片由参与者拍摄）

---

❶ JOAN MARSHALL, NATALIE FOSTER. "Between Belonging": Habitus and the migration experience[J]. Canadian Geographer, 2002, 46（1）: 63-83.
❷ Kelly, Philip, Lusis, Tom. Migration and the transnational habitus: evidence from Canada and the Philippines[J]. Environment & Planning A, 38（5）: 831-847: 836.

我实在不能忍受了。虽然我们有中央空调，但室内温度还是很低，这也是我冬天一般不在办公室工作的原因。虽然我把空调调到了30℃，但现在室内温度还是只有20℃。你就可以想象到了冬天，室内温度还达不到20℃，因为一月的室外气温会更冷。（迪克，讲师，30岁，在中国已1年）

除了供暖的问题，本研究参与者还提及其他在适应"客居"场域时遇到的问题。

就拿用办公室来说，我的中国同事们有一个很奇怪的习惯，而我到现在都不能理解……有一天，我到办公室，发现莉莉感冒了，但是她旁边的窗户却大开着。那时候是冬天，空调也开着。不仅是莉莉这样，我发现很多中国同事都会这样。这一点也不环保！她为什么在需要保暖的时候却开着窗户？为什么她不考虑同一间办公室里其他人的感受？（南希，英语教师，32岁，在中国已3年）

凯西和其他参与者也有类似不便的感受：

我经常上课到中午，而在下午的课之前，我们通常有一两个小时的空档。但问题是，这是一天中我唯一有时间去系办公室处理文件或咨询问题的时候。但我不能，因为办公人员不在！我不明白为什么我的中国同事会在12点到14点间离开办公室。我实在适应不了！（凯西，副教授，36岁，在中国已1年）

但中国同事对于类似的事情却有着不同的解释。莉莉说她开窗户是怕感冒病毒传染给同办公室的其他人，而中国同事在午间离开办公室则是因为中国行政人员的"正常"日程表就是如此。有必要指出的是，中国行政人员都是由该合办大学的中国合作方雇用，他们一般会遵循中国的工休体

第八章 跨国工作环境：校园空间和物品

系，在中午有两小时的休息时间。

上述案例表明，嵌入英国学者群体中的惯习不同于中国员工的惯习。由于惯习产生于特定场域内的个人历史和集体历史，在客居场域缺乏相关经历会导致不同社群或个人之间一定程度的误解。在上述案例中，基于他们曾经历过的移位（disposition）和早期学术生涯的不同，本地员工和英国学术移民在两个不同的"评价和期望结构体系"中各自行动。这两个不同的行为体系导致了各自"有意提高某些行为的优先级"[1]，进而使双方都感到不快。

不同的机构惯习或个人惯习可能会激发工作场所内的社会排斥。波德尔（Bauder）[2]研究发现，如果外来移民坚持他们在母国的原有惯习，他们很可能被加拿大本土劳动市场所排斥。但在本研究中，英国学者和中国行政人员均加强了这种排斥。如果"游戏规则"决定了个体行动，那么在中英合作大学这一场域内至少有两套截然不同的"规则"：一套决定了英国学者的行为，一套决定了中国行政人员的行为。很难说在不同的情况下哪个才是"正确的"，或者说哪个才是"本地的"，因为这是一个英国大学和中国高等教育机构合办的学校。群体间存在差异是很正常的现象，期望中国的国际化校园能够完全复制英国的原有模式，显然是不现实的。

跨国工作场所是"发展社会联系的关键区位"[3]。但是在本研究中，经历了"移位"的移民和当地社群之间由于误解和不熟悉而相互排斥。一方面，嵌入母国经历中的惯习导致其在跨国工作场所中将彼此视为"他者"和"外来者"；另一方面，类似的隔阂或者对于当地员工和当地工作环境的不舒服的感觉，使得英国学术移民更加积极地联系其他有着类似经历和心理的国际学术移民。这呼应了威利斯（Willis）与耶和（Yeoh）的研究，他们指出英国侨民在跨国工作场所中的社会网络经常局限于来自其他国家的侨民或者有西方教育背景且有类似收入、外语水平和社交方式的中国人，

---

[1] Kelly, Philip, Lusis, Tom. Migration and the transnational habitus: evidence from Canada and the Philippines[J]. Environment & Planning A, 38（5）：831-847：833.

[2] Harald Bauder. Cultural representations of immigrant workers by service providers and employers[J]. Journal of International Migration & Integration, 4（3）：415-438.

[3] Willis K, Yeoh B. Gendering transnational communities: a comparison of Singaporean and British migrants in China [J]. Geoforum, 2002, 33（4）：553-565：558.

而与其他本地同事之间则缺乏互动。

2. 在英国的中国学者

对于许多中国学者来说，工作场所的社会联系并不容易建立，因为它由不同学术群体之间的"权力关系构成"。[1] 现有文献已经指出，英国的同事间关系被认为更加平等，而中国的同事关系则更加复杂且等级化。[2]

有趣的是，许多在中国的英国学者提到了这一点。他们发现，有些英国学者在中国校园工作的时候，由于来自其他中国同事的"神秘影响"，而变得爱发号施令。他们甚至指出，同一个人在英国和中国工作的时候有着截然不同的表现。也就是说，中国背景中确实存在等级结构，而且这种结构对短期工作的人群都产生了影响。

在英国背景下，王费，一个29岁的中国研究员，毕业后已经在大学工作了2年，指出客居国工作环境和母国工作环境之间的不同：

> 总体来说，（在英国）你和你老板的关系更加……"不正式"，如果你懂我的意思的话。他们不像中国的老板，有权力给你各种好处并可能改变你的学术前途。我在英国的老板，就目前我看到的，就是一个愿意为整个研究团队或系里做些什么的人。每个人都相对独立；你在这个领域成功只是因为你在学术上足够好。但在中国，你还需要和老板保持一个良好的私人关系。这从根本上改变了人们对老板的态度。在中国，你要一直在言语和行动上表现出对老板的尊敬，但在这里就没必要这么做了。（王费，研究员，在英国8年）

---

[1] McGregor J. Spatiality and the place of the material in schools [J]. Pedagogy, culture and society, 2004, 12（3）: 347-372.

[2] Jiang X, Napoli R D, Borg M, et al. Becoming and being an academic: the perspectives of Chinese staff in two research intensive UK universities [J]. Studies in Higher Education, 2010, 35（2）: 155-170.

Hsieh H. Challenges facing Chinese academic staff in a UK university in terms of language, relationships and culture [J]. Teaching in highereducation, 2012, 17（4）: 371-38

第八章 跨国工作环境：校园空间和物品

此外，朱建国，一位 32 岁的研究员，也特别提到了同事之间很随意的互动，并展示了一张实验室大门的照片，如图 8-7 所示。他说：

图 8-7 朱建国的实验室大门，上面的纸写着"这间实验室又冷下来了"（照片由参与者拍摄）

这其实是我们完成某个重要试验后，老板开的一个玩笑。我们成功发现了第二种能到达极端低温的特殊气体，这在不久的未来可能会带来产业价值。我老板很高兴，在门上贴了这张纸，纸上写着"This Lab is NOW COLD AGAIN"，以示庆祝。很酷，对吧？我喜欢我老板偶尔开的小玩笑。他是个很外向的人，经常让我们的工作环境变得很轻松。但我在中国的老板就更严肃。（朱建国，研究员，在英国 5 年）

这两段经历表明，这种"无等级"的印象是否是事实，是存在争议的，因为上述经历是基于参与者们老板的友善行为和态度。他们的礼貌可以理解为一种社交策略或者说在英国高教场域中形成的工作惯习，并不一定意味着在英国同事间的平等。而且，有些参与者指出这些"完全正面的印象"可能只是虚假的表面，因为：

说好话又费不了什么劲，斗争一直存在。有时候，我知道我同事们只是外国式礼貌，刚开始的时候我就被这种表面的礼貌误导了。（张帆，教授，48岁，在英国已20年）

许多更"有资历的"中国学者指出，等级化结构在英国大学里依然存在，但是它"小心地被微笑和礼貌的态度掩盖了"。（维达，副教授，40岁，在英国已20年）

这些争论表明，在不同教育场域内的同事间权力关系在结构上并没有什么不同，但有着不同的表现形式。王费对于在她系里平等的印象可以被解读为个人对"白人"民主国家的刻板印象，也就是认为这里一切都比中国"更加平等"。这种对西方社会的被构建的感知深深根植于一些在英国短期工作过的中国学者心中。对于这些中国学者来说，有机会经历英国的"无等级"或"简单的"社会关系是他们接受英国职位的主要动力。这种"误解"是由于他们有限的文化资本和对"新场域的规则"不熟悉所导致的。不过，英国学术圈的某些方面的等级化程度确实比中国更低，正如笔者在本节开头提到的那样。

3. 讨论

本节主要关注学术移民群体中不同的社会—空间分化。本节发现，在中国的英国学术移民普遍经历了英国移民和中国行政人员之间的社会分离，这与许多高技术移民研究中的观察大致相同。很明显，许多在中国的英国学术移民很难平衡和当地同事之间的关系，也很难平衡他们对"客居"工作场所的期望和现实之间的差异。由于无法复制他们在英国的工作场所，他们在中英合办大学中同时被视为"内部者"和"外来者"。对他们来说，办公空间本身是一个问题。另一个问题是英国校园和中国校园有着不同的工作规定，这导致了在跨国工作空间中的空间—社会分化。同时，许多在英国的中国学者感到英国的同事间关系更加平等，但这只是一个印象，并不一定意味着英国高教系统的同事间关系真的更加平等、紧密。

使用办公空间的不同方式和个人的惯习密切相关，这也会影响他们的社会资本的积累。对当地工作规定的不熟悉直接导致了不同学者群体之间

第八章 跨国工作环境：校园空间和物品

的误解。在本研究中，群体之间的社会分离在英籍参与者身上体现得更加明显。当探讨中国学术移民和其同事间关系时，不难发现虽然他们对此有着更积极的反馈，和本地同事之间的疏离和社会分割依然存在，这导致了他们对本地场域的理解较为表面化。基于"更有资历的"中国学者的评价，他们其实没有机会完整地认知英国学术圈内的社会关系。虽然英国学术圈在某些方面不那么等级化，中国学者所面临的社会分割却导致了对同事间"平等"关系的片面化、表面化、想象化的理解。但必须指出的是，同事间的社会排斥并不总是发生在来自不同国家的社群之间。由于学术工作更加依赖个人的聪明才智和团队协作，学术圈内的社会分割不一定由于国籍，而可能和个人的研究领域、研究兴趣更加相关。

二、社交空间和物品

（一）在中国的英国学者——咖啡厅

为了探讨英国学者在中国的工作经历中的社会交往，笔者特别关注到一些他们在工作场所中的休闲活动——咖啡时间，这些活动之前经常被认为是理所当然的而没有加以研究。校园里便捷的咖啡店满足了学者在工作时间中基本的个人、社交和文化需求。本研究表明，英国学术移民在中国的日常社交活动与他们曾经在英国的"社交空间"密切相关❶❷，如咖啡店和酒吧。也就是说，在特定环境下，英国学者从英国带来的在构建社会网络方面的原有惯习从未被消除，即使他们已经进入一个新的国家中新的场域。

现有研究已经充分肯定了咖啡店在调节社会关系、构建潜在人际网络等方面的重要作用。❸咖啡店在日常社交生活中被认为是在工作和家之间

---

❶ Beaverstock J V. Servicing British expatriate talent in Singapore: exploring ordinary transnationalism and the role of the expatriate club [J]. Journal of ethnic and migration studies, 2011, 37(5): 709-728.

❷ Waters J L. Geographies of cultural capital: education, international migration and family strategies between Hong Kong and Canada [J]. Transactions of the Institute of British Geographers, 2006, 31（2）: 179-192.

❸ Warner J, Talbot D, Bennison G. The cafe as affective community space: re-conceptualizing care and emotional labour in everyday life [J]. Critical Social Policy, 2013, 33（2）: 305-324.

第三个具有社交活力的地方，一个"孤独"和"聚集"相互混杂的地方。在调研中，咖啡店的重要性可以从马丽（教授，55岁，已在中国2年）的回应中看出来，当被问及对于大学有哪些不满时，她说"我们需要更多的咖啡店！Aroma 是人最多的一个，但我们没有别的选择"。

艾米丽提及的 Aroma 咖啡店坐落于行政楼地下室里公共休息室的旁边，提供各种咖啡、三明治、面包、牛奶等，如图 8-8 所示。这是笔者经常做访谈的地方，也是教学区里唯一的一家咖啡店。这里的价格比在学生住宿区里商业街上的两家咖啡店略高，那里距行政楼步行十分钟左右。笔者通过询问调研参与者在工作时间里在 Aroma 咖啡店里的日常活动，一些相互联系的发现便浮现出来了。

图 8-8　Aroma 咖啡店（照片由参与者拍摄）

1. 关于"家"的愉快回忆

咖啡在英国学术移民的跨国工作中扮演了重要角色。许多被访谈者将咖啡强调为一个"国际化元素"（迪克，讲师，33岁，已在中国1年）。类似地，艾瑞克在 Aroma 喝咖啡已经是他日常生活的一部分：

> 沿着我们公共办公室走廊下去就是 Aroma 咖啡店。我去那里就很方便了。我怎么把它和工作联系在一起……嗯……在困了累

第八章 跨国工作环境：校园空间和物品

了，需要一点能量、需要让自己提提神的时候，我就去那里买一杯双倍浓缩或者美式咖啡。（艾瑞克，英语教师，36岁，已在中国5年）

有五个调研参与者曾经在中国以外的国家教学，他们更加强烈地感受到在中国大学校园里找到一个好的咖啡场所很难。他们特别强调说，Aroma已经成为在这个中英合作大学里标志性的社交、工作空间——对于住在校园里的国际学者来说更是如此，这也是出于他们日常生活中对"真正的"咖啡的需求。

而且，与莱密丝蒂克（Riemsdijk）[1]对于挪威奥斯陆的高技术IT移民的日常地方营造实践的研究相呼应，本研究的参与者也表示食物是家和归属感的重要表征。笔者的访谈和在Aroma咖啡店的观察都表明，英国学术移民群体在大多数情况下会选择待在学校在他们来之前已经为他们整修好的"舒适区"里。大概65%的参与者会有意识地选择那些让他们想起"家"的食物，他们还把Aroma咖啡店售卖的"质量很好的面包"作为一种"每周一次的庆祝"。

> 你确实会从情感上、精神上得到某种信号，不知道为什么就特别想要米饭或者特定的牛奶或者别的什么东西。我们把它作为每周一次犒劳自己的机会。（威尔，某系的副系主任，55岁，已在中国2年）

来自"家"的食物在移民的日常生活中所扮演的重要角色已经被现有的归属感和地方营造相关文献所证实。[2]莱密丝蒂克还发现挪威的IT公司

---

[1] Riemsdijk V M. International migration and local emplacement: everyday place making practices of skilled migrants in Oslo, Norway [J]. Environment and Planning a, 2014, 46（4）: 963-979.

[2] Antonsich M. Searching for belonging-an analytical framework [J]. Geography compass, 2009（2）: 1-16.

Fenster T. Gender and the city: the different formations of belonging [C]. Nelson L, Seager J. A Companion to Feminist Geography [M]. Malden, MA: Blackwell, 2005: 242-257.

经常提供国际口味的食物，鼓励外国雇员通过和公司厨师一起制作家乡食物来体验归属感。在本研究中也有类似现象，中英合作大学通过改变学校里咖啡场所，试图为学术移民建立所谓的"类同环境"。❶

虽然官方主导的家的营造为许多参与者制造了一种亲近的归属感，一些已经在中国生活了更长时间的参与者有着不同看法。

> 每周二的时候，那里会运来一些西方或者欧洲风格的面包和其他食物，大家都会去买。我们不是因为质量好才去买它们，而是因为它们和我们在家乡能买到的东西非常相似。例如，我们认为馒头很好吃，但他们（外国工作人员）觉得一点也不好吃。这不是质量问题，只是他们不习惯这种味道。你认为这些面包吃起来很好，也不是因为它在客观上就是质量好，而且你的大脑根据你的饮食历史确立了一套评价规则。（德里克，英语教师，35岁，已在中国9年）

但埃里克认为他的同事过于不理性地在咖啡店里复制了他们的英国特质：

> 我们有句苏格兰谚语"傻瓜的钱很快光"，意思是很容易从傻瓜那里骗到钱。这句话形容我的同事们有点过了，但他们在花费比商品应有价值更多的钱去买一个他们实际不怎么需要的东西。他们很开心能买到来自家乡的东西，但实际上是在浪费钱，而且把自己困在了西式的"舒适区"里，并不从"英国泡泡"里出来尝试真正的中国食物。（埃里克，教授，54岁，已在中国8年）

正如雷利（Reay）❷所阐述的，惯习在跨越新的不熟悉的场域时发生

---

❶ Friedmann J. Place making as project? Habitus and migration in transnational cities [C]. Hillier J, Rooksby. E. Habitus: A Sense of Place [M]. Aldershot: Ashgate, 2005.

❷ Reay D, Crozier G, Clayton J. Fitting In or Standing Out: working class students in UK higher education [J]. British EducationalResearch Journal, 2010, 36: 18-26.

第八章 跨国工作环境：校园空间和物品

的种种变化，不仅包含"无数次的对新环境的适应、反馈、反映和抵制"，也包括"将环境改变为一个不同的地方"。在本研究中，如果没有中英合作大学的中国合作方对于西方人（饮用咖啡）惯习的认可，校园里也不会存在咖啡店。因此，笔者认为，对于地方的关注和日常实践和惯习密切相关。一方面，英国学者的关系会被他们来自的特定地方以及他们曾经到过的地方所影响；另一方面，在本案例中，嵌入"社会代理人的经历"中的惯习和"使经历具有可能性的客观社会结构"也会影响移民的"客居"地方。因此，本研究的发现提示研究者在跨国主义研究中要注意个体作用的重要性，并提供了一些从社会代理人视角出发的落地观点，有助于探讨学术移民对跨国学术空间的影响。

2. 咖啡店中的中国特质

虽然本研究中的英国学者认为自己生活在一个特别的空间、一个所谓的"英国泡泡"里，但由于这所大学的运营方有一半是中方机构，他们的日常经历仍然受到了诸多中国元素的影响。玛丽莲告诉笔者，她在咖啡店里发现了"中国"：

> 我们生活在一个（英国人组成的）泡泡里，我们在学校里也说英语。唯一一件提醒你，你是生活在中国的事，是当你去Aroma买咖啡的时候，你需要说中文，因为那里的员工是我们的中国运营方招聘来的。不过你只需要很基础的中文就够了。那个中国老太太人很好，她经常纠正我的中文发音。（玛丽莲，英语教师，26岁，已在中国1年）

另外一位参与者则对于咖啡店里的中国特质持有负面评价，她说：

> 你看到Aroma咖啡店外吸烟区角落里堆着的纸盒了吗（图8-9）？我认为它们很不卫生，也不安全。这不应该在学校里出现，我从来没在英国的学校里看到类似情况……但没人去处理这些盒子。（艾米丽，英语教师，34岁，已在中国3个月）

图 8-9　Aroma 咖啡店外吸烟区堆积的垃圾（照片由参与者拍摄）

虽然英国学者是在中国工作，但他们仍在英国系统里，因而他们被假定地认为可以更容易地适应新的环境，因为他们能在这个熟悉的"泡泡"里继续自己原有的惯习。但他们仍然需要经历一个降低期望值的过程，因为这个场域有一半是由"他者"设计和居住的。虽然有些参与者批评中国人制造了校园里这些让人不舒服的垃圾区，但实际上这并不是"中国特色"，因为这在英国也时有发生。当然，这些个人标准也受制于他们之前的经历和片面理解，这也是为什么艾米丽说她从未在英国看到类似的场景。

3. 客居咖啡空间中的惯习变换

对于一些参与者来说，咖啡店被认为是办公空间的扩展，而非一个社交空间。Aroma 咖啡店由于坐落在主行政楼中心的区位，而使得它不仅是一个休闲空间，还是一个会面和做一些"无聊"工作的地方（汉森，教授，55 岁，已在中国 2 年）。许多受访者表示 Aroma 咖啡店有在工作上的特殊功能，如英语教师罗伯特的表述。

> 咖啡店应该是一个安静的办公场所；但完全相反，Aroma 咖啡店比公共办公室还吵。在办公室里，同事们总是来找你问问题或讨论，但在这里其他人看到你在工作就不会来打扰你。这是一个很有趣的心理悖论。当你在办公室里忙的时候，他们仿佛视而

第八章 跨国工作环境：校园空间和物品

不见，还会过来打扰你。我喜欢噪声的另一个原因是，它一直刺激我，让我保持清醒。如果我在做什么无聊的工作，我就喜欢到咖啡店里去做，这样更有效率。所以，Aroma 咖啡店虽然被设计为一个放松休闲的场所，但我通常不会去那里放松。（罗伯特，英语教师，32岁，在中国3年）

由此可以看出，英国学者的惯习改变在某种程度上是因为他们的办公空间发生了变化（从个人办公室到公共办公室）。为了避免在公共办公室里被同事打扰，许多被访谈者会把 Aroma 咖啡店作为办公的备用地点，这是和他们在"故土"的习惯很不一样的地方。

但是，咖啡店的吸烟区在社会资本积累中扮演了重要角色，这在现有文献中已经有所提及。❶ 这在许多国家都很类似，吸烟被认为是一种建立和维护人际关系和社交网络的社交行为。通过"递烟和点烟"（米亚，教授，49岁，已在中国1年），调研参与者发现了一种在这个"西方化"的区域里很自然的社交方式——校园内吸烟区的出现也是近年来中国中等城市管理法律改革后才出现的。

> 抽烟是一种认识人的方式。吸烟的时候，你会很放松，而一旦感觉到放松了，就很容易开始和周围人交流。吸烟可以看作一种社交活动，促进和陌生人之间的互动。你们都属于这么一个抽烟群体，不管你是从哪里来的。（尼克，讲师，29岁，在中国4年）

笔者的访谈数据显示，国籍的重要性在这个跨国高教机构里被大大弱化了。本研究的参与者同属一个社群，拥有一个共同的身份——学者。不同于大多数已有文献——它们多关注高技术跨国移民所面临的社会排斥，本研究认为，通过分享共同的兴趣，学术移民和同事之间的社会关系可以跨越国籍而建立。笔者将在"居住场所"一节中提及更多的案例。

---

❶ Brown M. Intellectual diaspora networks: their viability as a response to highly skilled migration [J]. Autrepart, 2002, 22: 167–178.

（二）在英国的中国学者——公共休息室和酒吧

1. 公共休息室和惯习变换

在英国的中国学术移民强调了公共休息室作为社交场所的重要性。对公共休息室的偏好可以帮助研究者探讨在中国学术移民社群中惯习变迁和环境改变之间的关系。中国学者并不理所当然地认为办公区域必须有公共休息室，因为这在中国大学校园中并不常见。因此，他们会比他们的本地同事对公共休息室里发生的一切感到更加新奇：

> 这里好的地方是我们有一个职工专用的公共休息室（图8-10）。那里有免费的咖啡、茶和牛奶。你在这儿能认识更多的人，在午休时间聊聊天很不错。有一些同事自己带午饭来吃，我现在也这么做了。你知道，在中国我们不这样做，都是去学校旁边的饭店吃。（王洽，40岁，生物学高级研究员）

图 8-10　某英国大学中的公共休息室（照片由参与者拍摄）

第八章 跨国工作环境：校园空间和物品

在讲述中，王洽强调了公共休息时在她日常工作中不熟悉但重要的功能。举个例子来说，如果一个地方太小、光线太差、太热或者太远，我们会选择其他地方满足我们的需要和偏好；但如果这个地方很好、有活力而且方便，我们会依据地方来创造我们的需要。也就是说，通过自身的视觉、听觉、嗅觉、味觉和触感，移民逐渐认识他们的"客居"地方❶，也可以学习新惯习、改变旧惯习，逐渐从拒绝特定环境下新的行为方式转变为接受它。对于许多人来说，公共休息室成为日常工作时间中和同事社交的重要场所。

此外，中国学者在使用公共休息室的时候也注意到了送礼物在不同文化之间的不同含义：

> 我们在公共休息室里有一张"快乐桌"。每天上面都会有一些小零食。如果我们同事出去度假了，他们一定会带一些糖果来分享。我觉得这真的很好。这和钱无关，这是别人不在的时候还是会想着你。我们也会相互赠送生日贺卡，但我们不会给我们老板"送礼"，我是说很贵的礼物。我喜欢这种"英式"风格。（文辉，副教授，在英国 20 年）

倍阿提（Beatty）等❷已经探讨过礼物在不同文化中的不同价值。他们认为，送礼物的行为在不同国家之间，如美国、日本、法国、德国、丹麦等，有着很大的不同。在中国，受传统观念影响，如人情、关系、好客和面子，中国人偏好选择贵重品作为礼物。但是，受当地送礼物"规则"的影响，许多中国学者或多或少地也按当地习惯改变了送礼方式，而且明确表达出对这种"放松的工作、生活方式"的喜爱。

---

❶ Collins D, Coleman T. Social geographies of education: looking within, and beyond, school boundaries [J]. Geographycompass, 2008, 2: 281-299.

❷ Sharon E. Beatty, Lynn R. Kahle, Pamela Homer. Personal values and gift-giving behaviors: A study across cultures[J]. Journal of Business Research, 1991, 22（2）: 149-157.

Beatty, Sharon E, Kahle, Lynn R, Utsey, Marjorie, 等. Gift-Giving Behaviors in the United States and Japan: [J]. Journal of International Consumer Marketing, 6（1）: 49-66.

2. 酒吧和非工作时间中的社会排斥

从表面上看,中国学者对新场域的接受度似乎和何世(Hsieh)的结论一致"中国学者在工作场所普遍和同事有着较好的关系"❶,这和中国学生常见的"小团体"现象极为不同❷。但是本研究表明,虽然中国学者明确表达了他们对在公共休息室社交方式的偏好和对西方式送礼行为的偏好,但同时,他们在工作场所中仍然有不同的社交方式,这在某种程度上导致了他们在本地社会空间中面临一定的社会排斥。例如,英国人特有的社交生活集中在夜店和酒吧,即使移居到海外的英国侨民也是如此。❸ 这被许多中国人认为是很难接受的"社交负担":

> 英国人就是喜欢去酒吧。我知道这是一个很重要的社交方式,但我实在习惯不了。一部分原因是我不喜欢喝啤酒,我也不想像个怪人一样在酒吧喝苹果汁。(萧蔷,33岁,医学统计)

再者,就像有些参与者提及的,性别也是一个阻止他们去酒吧的重要因素。中国社会的传统观念反对女性饮酒,而且认为女性应当照顾家庭,这在其他研究中少有提及:

> 我丈夫也是中国人,他不喜欢我喝酒或者在外喝醉了。他非常传统。一个抽烟喝酒的女人对他来说是不可接受的。(温煦,近50岁,中文系教授)

有些参与者不愿意和同事去酒吧,则仅仅是因为酒吧本身的布局:

---

❶ Hsieh H. Challenges facing Chinese academic staff in a UK university in terms of language, relationships and culture [J]. Teaching in highereducation, 2012, 17(4):371-383.

❷ Edwards V, Ran A. Building on experience: meeting the needs of Chinese students in British higher education [C]. Coverdale T, Rastall P, Basingstoke. Internationalising the University: The Chinese Context Palgrave Macmillan, 2009:185-205.

❸ Yeoh B, Willis K. Singaporean and British transmigrants in China and the cultural politics of contact zones [J]. Journal of ethnic and migration studies, 2010, 31(2):269-285.

第八章 跨国工作环境：校园空间和物品

> 我不能理解，为什么英国人在酒吧喝酒聊天的时候喜欢一直站着。对中国人来说，站着不是个好好聊天的身体状态，这意味着你只是想打个招呼，马上就走。（李华，30 岁出头，现代中文学院高级讲师）

本研究表明，国家之间对于饮酒有着不同的文化、性别准则，这种不同一定程度地体现在了中国学者对社交活动地点的选择偏好中。中国人在中国不去酒吧有很多原因：①英式传统酒吧在中国许多城市并不常见；②中国人认为一起吃饭是更加可接受的社交方式；③中国人习惯于在晚上六点到八点之间吃晚饭，这让他们没有时间在酒吧喝酒。英国移民试图在中国重新创造家乡式的酒吧生活❶，与之相似，中国学者也倾向于在英国"复制"他们的社交生活方式。他们一般喜欢将"朋友围在一桌吃饭"（吴兴，30 岁出头，现代中文学院讲师）作为联系其他中国人的方式。在本研究中，大多数中国学者倾向于对英国酒吧文化采取规避或保留态度：

> 刚开始的时候，我试图和他们一起，尽力假装我喜欢去酒吧。但过了一阵子，我就放弃了，我认为我有我的生活，你有你的。我没必要复制你的生活，只要我自己过得舒服就好。（吴兴，30 岁出头，现代中文学院讲师）

和一些研究类似❷，本研究的参与者或多或少也被语言障碍限制了他

---

❶ Yeoh B, Willis K. Singaporean and British transmigrants in China and the cultural politics of contact zones [J]. Journal of ethnic and migration studies, 2010, 31（2）: 269-285.

❷ Luxon T, Peelo M. Academic sojourners, teaching and internationalization: the experience of non UK staff in a British university [J]. Teaching in higher education, 2009, 14: 649-659.
Hsieh H. Challenges facing Chinese academic staff in a UK university in terms of language, relationships and culture [J]. Teaching in higher education, 2012, 17（4）: 371-383.
Pherali T J. Academic mobility, language, and cultural capital: the experience of transnational academics in British higher education institutions [J]. Journal of studies in international education, 2012, 16（4）: 313-333.

们的酒吧活动。即使那些已经在英国生活了很多年的参与者也表示，语言中细微的文化差别成为工作场所中维持同事关系的关键障碍：

> 语言是另一个问题。我是说，我的英文比大部分的中国人要好，但我仍然理解不了他们的幽默感。有时候我知道他们说的每个单词，但我理解不了整句话的意思。这和文化背景有关，不仅仅是语言自身。现在，我有所进步，能听懂大概70%了。（张敏，40岁出头，化学高级讲师）

本研究也发现，跨文化融合中有一些细节上的语言问题。许多受访者表示，有时候和英国人沟通比和其他国家或地区的人沟通更容易，因为他们很难理解有些地方的英语口音：

> 我有个北爱尔兰同事。我在做数据分析，我甚至都听不懂他说的"数据"，听起来特别像中文发音的"打他"。哈哈哈！我的名字是月，他一直叫我Yo……好吧，Yo是什么？"（晓月，33岁，统计学者）

而且，有发现表明中国学者在休息时间会尽量避免使用第二语言（即英语），因为在密集的英文授课和批改作业后，讲英文已经算不上一种放松了。在鲁克松（Luxon）和佩洛（Peelo）[1]的研究中，中国学者在集中精力讲英文20~25分钟以后已经很疲惫。这也解释了为什么这么多中国学者表现出了对英国同事社交生活的排斥，因为酒吧并不单纯是一个娱乐空间，而是伴随着（语言的）"压力"。

并不是所有参与者都将语言看作压力。虽然语言障碍仍然存在，有些希望提高自己的社交、语言技能的受访者会经常和同事去酒吧，但他们将更多的精力放在理解和适应新的社交场域中：

---

[1] Luxon T, Peelo M. Academic sojourners, teaching and internationalization: the experience of non UK staff in a British university [J]. Teaching in higher education, 2009, 14: 649–659.

第八章 跨国工作环境：校园空间和物品

> 我有时候确实理解不了他们在讲什么，但我知道如果我让他们停下来解释，我会觉得很尴尬。所以我的策略是事后问我的英语语伴或者在谷歌上查一下什么意思。（蒋洪志，30岁出头，中文教师）

> 我发现他们很喜欢那些和学术无关的八卦和闲聊。如果你不看电视、不读书、没有秘密，那就没什么可聊的了。你可以一直从其他人那里学到东西。一开始挺难的，但是若以这样的方式结束一天，会很有意思且充实。（李卫平，近30岁，工程学研究员）

总体来说，本研究表明，不能一概而论地说中国学者在英国的社交圈子局限于中国同事或者来自其他国家的同事中，但在某些特别的地方，如酒吧，社会隔阂确确实实地存在于中国学术移民和他们的本地同事之间。

（三）讨论

本节主要讨论了大学校园内的特殊社会空间如何鼓励或限制了中英学术移民在各自"客居"地方的社交经历。本节将分析的重点从传统的社会分异、融合路径转向不同地方的社会功能。笔者分析了参与者在不同地方移动过程中惯习的演变，尤其关注社会排斥背后的深层次原因。

本节从三个方面加深了研究者对学术移民的社交生活的理解。

首先，实地调研揭示了同一国籍群体内部的多元性。本研究希望打破单一的"二元论"论调（如本地和非本地、传统和非传统移民），希望阐释一组"更灵活、更异质化的分类"。[1] 因此，针对同一移民群体的研究经常会出现不同结论。例如，蒋（Jiang）等[2]对两所研究型英国大学中的

---

[1] Holton M Riley M. Student geographies: exploring the diverse geographies of students and higher education: student geographies [J]. GeographyCompass, 2013, (1): 61-74.

[2] Jiang X, Napoli R D, Borg M, et al. Becoming and being an academic: the perspectives of Chinese staff in two research intensive UK universities [J]. Studies in Higher Education, 2010, 35 (2): 155-170.

中国科研人员进行了研究，表明他们的社交范围局限在中国人之中，这与何世关于在英的中国学者的结论截然相反。而从本书的研究来看，两种结论都是成立的，因为中国学者在学术倾向和生活观方面存在不同。这也指出了之前两个研究的不足之处，如蒋等仅选择了8个受访者。通过对同一所大学里不同年龄、性别、学科、职称和跨国经历的40位中国学者进行访谈，本研究勾画出来一个更加复杂、更加全面的中英学术移民的社群形象。例如，在中国学者中，不同人对于酒吧有着不同的看法；在中国的英国学者对于"西式"面包也有着不同的观点。

其次，笔者赞同何世的观点，即在跨国高等教育环境中，共同的研究课题、空间的邻近性以及和同事一起消磨的时间对于促进学者之间的人际关系更加重要，而不是共同的国籍。而且，移民可以通过共同的兴趣连接在一起，如此前讨论的吸烟和宗教。可以说，通过空间视角的分析，本研究发现通过国籍角度来探讨社会分异可能并不适用于某些特定的学术移民研究。

最后，跨国主义研究中，关于学术流动性和关于空间、地方的重要性的讨论多集中于跨国高校中学生的经历[1]，而对于学术移民的讨论相对欠缺。本研究的访谈数据强调了校园中实体社交空间在中英学术移民的跨文化交流中的重要性，如咖啡店、公共休息室和酒吧。笔者也特别阐明了学术移民在不同地方中的社交行为，指出了地方在建立跨国社会关系中的重要性。在跨国背景中，学术移民嵌入在地方中的惯习和社会资本随他们的跨国移民而移动，惯习和社会资本的改变也可能导致移民经常光顾某些地方，并在一定程度上改变这些地方。

三、居住空间和物品

（一）在中国的英国学者

胡教授是某分校区的负责人，他很赞赏起源于牛津大学和剑桥大学、

---

[1] Leung M, Waters L J. British degrees made in Hong Kong: an enquiry into the role of space and place in transnational education [J]. Asia pacificeducationreview, 2013, 14（1）: 43-53.

第八章　跨国工作环境：校园空间和物品

现在盛行于欧美的寄宿学院制模式。在这种模式下，一些有声望的教授和他们的学生共同住在校园中。他说："学生周围都是知名学者。他们可以探索周围、解决难题、激发灵感，这有助于培养年轻学者。"他希望在大学里奉行"育人第一"的准则。虽然由于资金的限制，寄宿学院制现在还没有完全实现，但是"我们基本上也差不多了，因为大多数老师住在校园里，学生有多种途径联系到他们的导师"（王文卓，30岁出头，中文教师）。

与之类似，寄宿学院制已经在许多中国大学中施行了。中国的大学是一个个"工作单位"。[1]这些"工作单位"也可以被理解为一个完备的微缩社会。居住在现代中国大学的围墙里，正是由里（Urry）[2]所描述的"后现代"门控社区——在快速发展的"野生的"中国现代大都市中的"温顺的、适宜生活的"区域。每个人都住在校园里，包括学者、学者的家庭成员和学生。因此，整个社区就像一个很大的扩展家庭，里面每个人都认识彼此。"中国大学被围墙圈住，它的人际关系系统也限制了人的自由流动性。"[3]

这些对中国大学校园环境的评价和参与者的说法类似：许多调研参与者形容他们是"住在一个泡泡里"。校园可以满足他们各类生活基本需求。邮局、快递、银行、商店、超市、理发店、洗衣店、咖啡店、24小时诊所和ATM机都可以在校园里的"商业街"找到。虽然该大学标榜自己是纯正的英文教育，学者们也是在英国教育体系下工作，"围墙"里的工作语言也是英文，但生活基础设施是由中方提供的，所以商业街上随处可见中文标识，如图8-11、8-12所示。

---

[1] Ouyang H. Understanding the Chinese learners' community of practice: an insider outsider's view report on responding to the needs of the Chinese learner in higher education: internationalizing the University, 2nd Biennial International Conference [R]. University of Portsmouth, 2006.

[2] Urry J. Mobilities Polity [M]. Cambridge, 2007.

[3] Ouyang H. Understanding the Chinese learners' community of practice: an insider outsider's view report on responding to the needs of the Chinese learner in higher education: internationalizing the University, 2nd Biennial International Conference [R]. University of Portsmouth, 2006: 124.

图 8-11　校园里的商业街（照片由笔者拍摄）

图 8-12　教师公寓前的校园巴士和教师子女（照片由笔者拍摄）

需要指出的是，中英两国的大学环境有很大的不同。在中国，教研人员经常住在校园里；而在英国，教职工则多住在校园外的其他地方。所以对于那些住在中英合办大学里的英国学术移民来说，这种"全新"的经历明显为他们带来了一个更加密集、费时的社会交往模式，而不是现有关于社会际遇的文献中主要关注的短暂、微观尺度上的互动。因此，作为一个跨文化交流的场所，这种提供集体住宿的跨国大学校园能够帮助学者进一步讨论惯习是如何与地方和空间连接在一起的。这种校园环境也提供了一个有趣的案例，来展示不同生活经历之间不可避免的冲突和摩擦。

在校园里居住的学者住在教师公寓（如果他们有家人）或者职工酒店（如果他们仅自己居住）。他们更愿意享受在这个"驯服的"校园里的"安乐窝"。参与者选择住在校园里的主要原因是方便。

第八章 跨国工作环境：校园空间和物品

> 我认为住在校园里的好处就是方便。从你的房间到教室只要五分钟就够了。你还能回家吃个饭，然后再回办公室。（安妮，英语教师，46岁，已在中国2年）

和学校领导的期望不同，调研发现，虽然该大学已经实施了寄宿学院制，但仍然有很多学者选择逃离这个"泡泡"。有一部分英国学者想把他们的个人生活和工作完全切割开，而且不情愿在工作时间之外再见到学生。另外，他们很希望经历"野生的"中国城市生活。如果跨国学者们住在一个"真实的"中国城市居住区，能"了解不同于他们英国风格的跨国生活方式，并驾驭这种生活方式"。❶

许多参与者住在离学校比较近的居住小区，他们利用自行车或者滑板车作为出行工具。虽然中英驾驶习惯不同（中国左舵，英国右舵），有些职位较高的职工或教授也会租一辆车然后自己开，如哈利（副教授，48岁，已在中国4年）。

至于为什么在校外居住，被调查者给出了不同的原因。首先，这是一种体验真正中国的好方式。

> 我最开始8个月是住在校园里，现在已经在校外住了一年了。下了班离开学校的时候，我会觉得放松，觉得工作和回家是分开的两件事。这是最大的不同。我认为当搬离学校之后，才让自己觉得我住在中国。因为，我知道这是一个很国际化的校园，（如果住在学校里）在你周围的不会有很多中国人。（凯蒂，讲师，33岁，已在中国2年）

相比于北京、上海、广州这样的一线大城市，该大学坐落于一个没有

---

❶ Beaverstock J V. Servicing British expatriate talent in Singapore: exploring ordinary transnationalism and the role of the expatriate club [J]. Journal of ethnic and migration studies, 2011, 37(5): 709–728.

那么国际化的二线城市。在现有的技术移民文献中，该城市少有被提及。在这个城市中，大学之外缺少完备的外国侨民社群，这对学术移民在搬离校园之后与本地人之间的交流、对本地生活的适应都有一定的挑战，但也给他们提供了感受"真正"本土化地方的机会，如饭店和超市。

其次，住在校外让受访者觉得更加自由和可以保护隐私。

> 我认为搬到校外可以有更大的自由空间。我自己没有太多体会，但我一些住在学校里的同事总是觉得其他人知道你要干吗。这会让人觉得有点烦。所以搬离校园后这种自由的感觉还是挺好的。（大卫，教授，50岁，已在中国6年）

许多参与者指出他们不住在校园里的原因就是隐私问题和"缺乏自由感"。这并不难理解他们的选择，因为大学校园是一个他们日常工作的相对封闭的空间，他们生活中的各项选择也局限在了他们认识的人、校园里的地方和各类可进行的活动。"工作和生活应该被明确分开"（安妮，英语教师，46岁，已在中国2年）的观念被许多调研参与者一再提起。

再次，在校外居住从经济角度来说也是划算的。

> 实际上，在校外住会更便宜。我并没有靠在校外生活省钱，但实际上我确实也没多花什么钱。住职工酒店的时候，我觉得还挺贵的，因为要支付各种账单，所以最后我花了更多的钱。这也是有一点其他的不同，校外的超市也比校内的更便宜、选择更多。在学校住的时候，还是要从职工酒店的食堂或者酒吧、饭店购买食物，所以在校外生活更好。（朱莉，英语教师，29岁，已在中国1年）

这些搬到校外的参与者比较了他们在两种情况下的花销，得出了在校外居住更便宜的结论，这意味着他们花同样的房租可以在校外找到更大、更好的住处。此外，他们不需要考虑通勤成本，因为他们大多数很有策略地选择住在学校附近，大部分通勤可以靠自行车完成。即使他们选择远离校园居住（如在市中心），他们也不会在通勤上花太多的钱，因为中国的公共交通非常便宜。

最后，住在校外可以结识更多的朋友。

> 我的房东可以讲英语，所以我们交流得非常好。我发现住在校外也不难适应。我的中文很差，只知道几个词。当然，住在学校里就会简单很多，但住在校外也没有那么难。我在校外可以认识更多的中国朋友。我有一些可以说英文的本地朋友，当我真的遇到困难了，他们会帮助我解决。（罗伯特，教授，55岁，已在中国3年）

缺乏必要的语言技能是调研参与者和本地中国人建立友谊的主要障碍。但是调研中，笔者发现，许多英国学者在不能说中文的情况下，和中国人有着频繁的交流、互动。这是因为中国的经济发展和改革开放大大提高了英文教育的普及率，对中国人来说讲英语并不是那么难，尤其是年轻人。此外，许多英国学者通过一系列自发的校园外休闲活动，如酒吧里的乐队表演、披萨聚会和回收环保活动等，建立起对这个城市或他们日常活动区域的归属感。这些活动不仅加强了"同事间微弱的联系"，同时也增进了英国学者和本地人之间的社会交往。作为地方营造的一种方式，这些学者构建了一种"以自身条件为基础的本土归属感"。❶

（二）在英国的中国学者

何世发现大部分中国教师需要大学在住宿方面提供额外帮助，因为中国的大学往往为教师和博士生提供免费住宿。参考本研究参与者提供的信息，该发现在本研究中部分成立，但笔者发现了一些适用背景上的不同。首先，需要住宿帮助的中国学者多为来英短期工作的中文教师或刚刚来到英国的访问学者（在英国不承担教学任务）。其他类型的中国学者，如讲

---

❶ Riemsdijk V M. International migration and local emplacement: everyday place making practices of skilled migrants in Oslo, Norway [J]. Environment and Planning a, 2014, 46 (4): 963-979.

师、研究者和教授等对当地情况非常熟悉的群体，并没有表达出他们需要学校提供住宿方面的帮助，而且他们中许多人已经在英国有了自己的住所。其次，由于中国房地产市场的发展，现在的中国大学也几乎不再为教职工提供免费住宿，许多教职工现在居住于校园外的私人产权住宅里。最后，许多新到英国的学者对于"找房子"这件事感到很泄气，因为他们中很多人有着从一个令人失望的地方搬到另一个令人失望地方的心烦经历。

> 我今年搬了6次家，一团糟！我其中一个房东是个中国厨师，他人很坏……房租里已经包含了所有的费用，但他不让我在冬天开暖气！经过几次之后，我的宝宝都因此生病了！（曹范，近40岁，中文教师）

大部分参与者并不介意在校外居住，因为他们可以开车或搭乘公共交通出行。调研中出现的一个关键话题是，由于居住比较分散，一种中国风格的社交活动——"串门"，在中国学术移民的生活中消失了。

> 在中国的时候，吃完晚饭去同事家里喝杯茶真是太正常了，有时候我也邀请他们来吃午饭或者晚饭。频繁互动能让大家更亲近。但在英国，虽然我们同事之间也有联谊活动，但我们其实在工作之余并不怎么见到对方，因为我们住得不近。（文章，53岁，中国研究学科教授）

这也表明，在工作场所之外，中国学者和他们的本地同事之间存在社会隔阂。这不仅是因为居住的分散，还由于对于特定社交活动的不同兴趣以及工作之余对家庭生活的重视：

> 我的同事们人很好，我们在工作上合作很愉快，但这并不意味着我们是真正的朋友。周末的时候，他们经常和家人待在家里。（李宝瑞，28岁，计算机科学研究员）

第八章 跨国工作环境：校园空间和物品

这段访谈也表明，对于大部分中国学者来说，英国的社交生活和中国比相当单调。总体来说，居住地点的分散和个人对娱乐活动的选择偏好成为中国学者融入当地学者社群的主要障碍。调研发现了若干和下班后同事间互动有关的话题：

1. 不同的社会性场所

虽然在一般情况下，移民在英国居住的时间越长，他们在"客居"文化中的舒适程度也会相应提高❶，但有一些惯习是无法改变的。在英国的中国学术移民中，有些人已经在英国生活了相当长的时间，但仍保有一些"既象征又标志着文化边界"的惯习❷，而且这些惯习并不因时间或空间的改变而改变。移民会利用一些他们已知的东西，努力创造熟悉感，在客居地重新营造在移民过程中被磨灭的家乡式生活方式：

> 虽然我在英国已经生活快十年了，但我还是吃中餐，讲中文。老外的那些东西，我知道，但我不理解。（朱文玉，近50岁，化学教授）

这也可以解释中国学术移民为什么厌恶某些西方同事喜爱的活动：

> 例如，他们喜欢骑自行车，但我对他们的那些专业装备和长距离骑行都不感兴趣。天气一般也不怎么好。他们告诉我说，我应该享受英国的任何天气情况。真的吗？我应该这样吗？上周末的时候，他们去露营了，告诉我这次很有意思，因为他们的睡袋被大雨卷走了……好吧……我无话可说……我们的思维方式很不一样。（刘建国，50岁出头，中国研究高级研究员）

---

❶ Hsieh H. Challenges facing Chinese academic staff in a UK university in terms of language, relationships and culture [J]. Teaching in highereducation, 2012, 17（4）: 371-383.

❷ Gabaccia D R. We Are What We Eat: Ethnic Food and the Making of Americans [M]. Cambridge: Harvard UniversityPress, 1998.

2. 不同的运动方式

本研究表明，能否融入当地社群不仅与族裔相关，也与一般的个人兴趣相关。

> 我的同事们经常去健身房。但我觉得户外慢跑更好。我们应该享受这么美丽的风景。所以我们有一个慢跑团，大部分成员是我的中国同事们。（文辉，30~40 岁，讲师）

> 我去年办了一张健身房的会员卡，但我工作太忙了，几乎没怎么去过。有时候去也只是洗一个澡。你看，这就很不值了。（吴大力，40~50 岁，高级讲师）

莱密丝蒂克❶在挪威的研究表明，技术移民经常通过和当地人和其他同事一起运动，来建立对当地的归属感，而且他将运动作为外国技术人员"个人地方营造策略。"本研究中有受访者也表示，参与体育活动能有效地建立和当地人之间的"社交桥梁"：

> 我喜欢打网球。如果天气好的话，我几乎每天都去。在网球场上我也认识了更多的人。他们都是英国人。个人爱好让我们认识了彼此。（董佳文，30~40 岁，研究员）

3. 不同的饮食习惯

> 我们有个活动是各自带食物来分享。每个人都可以带食物或者小零食，并分享给其他人。但问题是，我的许多同事是素食主义者。有一次就出了问题。我做了扬州炒饭带过去。它用的食材

---

❶ Riemsdijk V M. International migration and local emplacement: everyday place making practices of skilled migrants in Oslo, Norway [J]. Environment and Planning a, 2014, 46 (4): 963-979.

都是素食，但我不知道素食主义者不能吃鸡精。我做饭习惯放鸡精，那次我也没在意。我的同事们感觉都很敏锐，吃的第一口就发现了。他们就当着我的面吐出来了……太尴尬了……我永远也没法理解素食者的饮食理念。（曹越，40~50 岁，高级研究员）

（三）讨论

本研究中，跨国精英指的是"两类跨国行动者：跨国商人和国际化的专业人士"。❶类似地，沃特斯❷发现侨民"似乎居住在独立的、隔离的社会空间中"。在英国侨民的案例中，其社交网络往往局限在其他侨民或接受过西方教育、收入水平类似、英文水平和社交习惯相近的中国人中，而与一般的本地同事缺乏沟通互动。❸比弗斯托克（Beaverstock）❹也认为"……英国侨民在社会上和文化上都与某些独特的跨国社会空间紧密相连，如满足他们商业、文化和社交需求的侨民俱乐部"。

地理学者已经对高技术移民的隔离社会空间做了诸多研究。不同的移民群体对于这些空间的依赖各不相同，即使他们属于同一种族。需要注意的是，移民所面临的社会排斥和社会接纳与许多因素有着复杂联系，比如他们的专业水平、跨国经历、居住时长、对当地文化的个人偏好、语言能力甚至他们选择的住所。

相应地，跨国学者作为跨国精英移民的重要组成部分，经历了各类跨国空间和本土空间，其生活环境也更加复杂。本研究发现，有学者试图离

---

❶ Ley D. Millionaire Migrants: Transpacific Life Lines [M]. Chichester: Wiley Blackwell, 2010.

❷ Waters J L. Geographies of cultural capital: education, international migration and family strategies between Hong Kong and Canada [J]. Transactions of the Institute of British Geographers, 2006, 31（2）：179-192.

❸ Willis K, Yeoh B. Gendering transnational communities: a comparison of Singaporean and British migrants in China [J]. Geoforum, 2002, 33（4）：553-565.

❹ Beaverstock J V. Servicing British expatriate talent in Singapore: exploring ordinary transnationalism and the role of the expatriate club [J]. Journal of ethnic and migration studies, 2011, 37（5）：709-728：709.

开针对"老外"的封闭的实体空间和社会空间,将其社交网络进一步拓展至当地人群体中。比如,许多英国学者为了跳出所谓的"英国人泡泡"和"体验当地生活"去选择住在校外,而不是待在英国人组成的小圈子里。

利用布尔迪厄提出的惯习等理论,笔者探讨了中英学者对工作之外的生活和社交活动的不同态度,取得了一定的成果。通过住在校外,英国学者享受当地的社会文化氛围,将中国人纳入他们的社会空间,打破了当地的社会排斥;但同时,同样是住在校外,在英国的中国学者就发现大多数情况下他们与同事之间的社会隔阂愈发加深。尽管是否居住在一起并不能完全决定学术移民与同事或当地人之间是否存在社会接纳或排斥,某些特别的惯习可能会要求居住的地理邻近性(如串门),因此居住地点在某种程度上也影响了中国学者和同事之间的融合程度。

第九章　跨国流动过程：
教学和教学法创新

一、国际教学和考核方法

（一）中国的英籍高校教师：改变"以学生为中心"的自主教学模式？

1. 中国的主要教学活动

这所中英合办大学把"创造性教育实践"从英国带入中国，所以对中国学生而言，研讨课是一项陌生的学习活动，但却是构成"创造性教育实践"的关键因素之一。虽然许多国家用这种方法来培养学生的批判性思维能力和认知，但是在中国的大部分高校还未普及。因此，这所提供国际教育的大学，致力于推动以学生为中心的教学以及学生自主学习的方式，让本校中国学生明白两者都是重要的学习活动：

> 这所大学推崇好几种教学方式。例如，自主学习和被动学习，前者通过对比同类讲课的方式。因为课程安排不同，所以研究生的上课形式为两个小时的研讨，而本科生的上课形式为一小时讲课和一小时研讨。不过，在讲课时，有人却要求老师鼓励学生自主学习并将师生互动加入课堂。这种做法会让人难以分辨何为讲课，何为研讨。（保罗，讲师，30多岁，在中国2年）

在研讨课上，老师通常会把理论和实践、知识和最新案例以及个人见解和集体讨论两两结合。在以学生为中心的教学活动中，老师帮助和引导学生进行创造性讨论。通常，学习案例时，老师会在两个小时的研讨课里，用大约30分钟来展示课程内容或者理论概念。随着大学倡导自主学习，老师和学生不仅可以在研讨课，也可以在讲堂上进行讨论。对西蒙而言，讲课和研讨课区别不大，内容都包含老师解释、学生提问以及知识重建三个主要部分。

在讲课和研讨课上，我把正式教授和实践两种学习活动结合起来。正式教授时，我作为唯一的讲者，会解释一些概念，拿出一些例子或者提供一些研究信息。而在实践性较强的部分，我会做出一些分析或者放些问题在幻灯片上，要求学生分成两三组进行讨论。另外，在其他教学活动中，我会重新组织学生提供的答案，并且用这些问题来明确课上的重点以及检测学习成果，这些问题通常是我想要他们在课堂结束前掌握的。以上是我教学时使用的三种主要方式。不过其中也有很多即兴发挥的部分，有成效的和没成效的部分。（西蒙，讲师，33岁，在中国4年）

2. 施行自主学习的困境

长期以来，以学生为中心的实践被认为是一种有效的教学方式，来达到深入学习的目的，因为它能鼓励学生积极主动地思考和求索。[1]但是，作为由英国迁移到中国的教学模式，其使用情况并不像学者们预期的那样顺利。问题主要出在学生（课堂主体）而非老师身上。该教学方式的施行很大程度上离不开课堂上学生的参与和互动。然而，许多参与本研究的高校老师指出：中国学生是"被动学习者"，尤其是来自中国大陆的学生（约

---

[1] David Kember, Anthony Wong. Implications for evaluation from a study of students' perceptions of good and poor teaching[J]. Higher Education, 2000, 40（1）: 69–97.

第九章 跨国流动过程：教学和教学法创新

占全校学生总数的 90%），他们不愿意参与课堂活动。❶

询问本研究受访对象何为在中国大学教书时遇到的最大挑战，他们总是会描述"课堂上尴尬沉默"的情况。不过，这还不是他们遇到的唯一难题。受访对象（尤其是没有在中国教学过的教师）发现课堂上不积极的中国学生更喜欢在课后问问题或者发表不同见解。从老师的角度看，这会占用他们大量的非工作时间。

中国学生课内课外的"尴尬沉默"只是可见的冰山一角，行为背后有着更深层次的原因。其一，盖缇（Getty）在他的《中国教学的挑战与政治研究》中给出了清晰的解释："在中国，我的很多学生课后都很认真地跟我说，他们不习惯表达自己的观点，害怕因与老师的观点不一致而冒犯到老师（面子问题）。"❷ 此外，中国学生认为，如果答案或提问不像预期的那么明智，那么在课堂上主动表达个人观点也有可能在同学面前丢脸，而课后提问可以避免这种风险。除了在许多关于中国人行为的文献中讨论过的"面子"问题，我的一位受访者还提出了一个更切实际的理由：

> 我的一位学生告诉我，他不参加课堂讨论是因为没有课前准备阅读材料，她知道这个讨论不在成绩考核范围内。所以，为什么他们要花 3 个小时来准备这些对自己的最终成绩没有影响的阅读材料呢？（尼克，36 岁，在中国 1 年）

许多学生是实用主义者。他们知道自己为什么在这所大学，以及如何

---

❶ Jin L X, Cortazzi M. Changing practices in Chinese cultures of learning Language [J]. Culture, and Curriculum, 2006, 19（1）: 5-20.

Shaw J, Moore P, Gandhidasan S. Educational Acculturation and Educational Integrity: Outcomes of an Intervention Subject for International Postgraduate Public Health Students [J]. Journal of Academic Language and Learning, 2007, 1: 55-67.

Jiang X, Napoli R D, Borg M, et al. Becoming and being an academic: the perspectives of Chinese staff in two research intensive UK universities [J]. Studies in Higher Education, 2010, 35（2）: 155-170.

❷ Getty L J. False Assumptions: The Challenges and Politics of Teaching in China [J]. Teaching in Higher Education, 2011, 16（3）: 347-352: 351.

从中获得最大的利益。大多数中国学生来这所"国际大学"是为了积累学业资本:"在这所大学学习是划算的,正如学校所宣传的,与在英国学习相比,你可以在中国以'半价'获得'正宗的英国教育'。"❶

  我的一位学生告诉我,他只需要尽快拿到学位,然后就可以被介绍到父亲朋友的公司。你知道的,在中国,想要在一家不错的公司工作,即使有社会关系,出色的大学学历也必不可少,而且最好要有国际经历。因此,对他而言,在中国获得英国学位或许是实现目标的最有效途径。这意味着,对我的一些学生来说,只要能最终拿到学位,获得的过程并不那么重要。(西蒙,讲师,33岁,在中国4年)

因此,取得好成绩,然后获得一所英国大学的学位是中国大学生的主要生活目标。他们知道这可以给自己提供更好的机会找到一份体面的工作,而仅仅在课堂上活跃并不能做到,因为这通常不是考核的一部分。这在一定程度上可以解释,为什么中国学生给高校教师移民的印象是,上课不活跃,下课却积极提问。必须清楚的是,选择在课上(这是可能的)或者课后提问的学生通常都是那些"好学生",他们非常关心自己的成绩,或者对学习充满热情。

尽管他们有自己的提问方式,但值得注意的是,大多数中国学生仍然被认为是很"被动的学习者",这不仅是因为他们课上的行为,更因为他们课后的行为。拒绝准备阅读只是个例,我的受访者还分享了很多其他的例子:

  我的中国学生大多数都是被动学习者。他们认为,如果我不给他们留作业,他们课后就无事可做!有时候你会觉得他们不是为自己而努力,而是为了我或者他们的父母,我真的不明白。(丽莎,英语教师,20多岁,在中国1年)

---

❶ Waters J L. Geographies of international education: mobilities and the reproduction of social (dis) advantage: geographies of international education [J]. Geography Compass, 2012, 6 (3) : 23-36.

第九章　跨国流动过程：教学和教学法创新

他们只有在考试前才会非常用功地学习。正如中国谚语所说："平时不烧香，临时抱佛脚。"哈哈，你看，这是我面临的最大问题！我的学生对学习没有足够的热情（我不是指所有的学生）。这意味着他们没有足够强大的动力在学术领域追求知识，你需要推动他们去"跑"。（露西，教授，50岁，在中国2年）

据我观察，大多数中国学生并不缺乏主动学习的能力，而是在学习过程中没有养成这种"习惯"。中国学生群体对待学习过程的方式与英国学生不同，他们在学术领域是"接受者"而不是"贡献者"。以教师为中心的教学模式强调显性知识的灌输，但忽视了学习实践中的大量隐性知识。在自身受教育道路上，他们是合格的"跟随者"却不是合格的"主人公"。这一理念在邹（Zou）的研究——关于中国文化传统及其对大学学习和教学的影响中得到了印证：

澳大利亚学生的学习方式为"自主学习"。大多数学生一下课就离开校园，独自学习。而中国学生一般在校学习和生活，同学之间在学习上互相帮助，生活上互相学习技能，老师也给予支持和指导。换而言之，澳大利亚的学习模式为自主学习，而中国的学习模式为老师指导和同学互助相结合。❶

这就是为什么如果老师不给中国学生留作业，他们就认为自己无事可做的原因。他们在这种模式下学习了将近二十年。英籍高校教师对这种"习惯"并不熟悉，同样，中国学生也不理解外教在课堂上带来的"新游戏规则"。从这一点看，许多中国学生在入学上课时感到困惑就不难理解了。把主动教学直接迁移到中国，就像突然要求从未听说过民主的人去投票一样突兀。

---

❶ Zou P. Chinese Cultural Heritage: Influences on University Learning and Teaching, in Academic Migration, Discipline Knowledge and Pedagogical Practice [M]. Singapore: Springer Singapore, 2014, 161-175.

高校教师移民可能认为这种教学方法是理所当然的，因为他们以前也是这样接受教育的。然而，中国学生可能很难适应，因为不理解这种从未体验过的"新"教学方法。正如盖缇指出的："我们不喜欢自己不理解的东西。这是人类的本性。超出我们经验范围之外的事情让人缺乏安全感，最简单的应对方法就是做出负面的价值判断。"[1] 以马克为例，他说学生对自主学习的误解或排斥常发生在第一年：

> 我发现，第一年上课的大部分学生最初都不理解我的教学风格，因为与他们高中的方式迥异。一些人感到有点失落，便向我寻求帮助。我记得，我班上的一个女孩某天对我说："马克，我知道你是一个好老师，但我觉得并不能从你身上学到很多！"我问她为什么，她说她不习惯我的教学方法，要求她用很多时间来自学和实践。她告诉我："如果我们能自学，为什么还需要老师呢？"她认为，老师应该在规规矩矩的课堂上教授学生系统化的知识，而不是培养学生独立学习和批判性思维的能力，这样她才能从老师身上学到更多。说实话，我认为她根本不知道何为批判性思维。大多数中国学生缺乏批判性思维。（马克，35岁，英语教师，在中国5年）

真正的困难不只是指出当地学生的那些"奇怪的行为"，而是去理解他们，并找到相应的解决办法。在新跨国教学环境中，做到这些并不像听起来那么容易。许多高校教师移民发现，有时需要几个月才能"解读"那些"看起来有基本和明确含义"[2]的活动。虽然学校有提供岗前培训，但是在实际教学实践中，问题仍然不断出现，关键在于教师和学生不同的文化资本形式，即不同的教与学的习惯。

---

[1] Getty L J. False Assumptions: The Challenges and Politics of Teaching in China [J]. Teaching in Higher Education, 2011, 16（3）: 347-352: 351.

[2] Getty L J. False Assumptions: The Challenges and Politics of Teaching in China [J]. Teaching in Higher Education, 2011, 16（3）: 347-352: 351.

第九章 跨国流动过程：教学和教学法创新

我的受访者在本章列举出的教学难题也表明了跨国教学和学习环境的特殊性。我认为，不应该把中国的国际高校当作英国的在华机构，一味照搬西方教学模式，而应该有自己的教学特色。从逻辑上讲，研究"跨国主义"对还在中国上学的学生的来说意义重大，这一点将在本章的第二部分进行更详细的讨论。

3. 学生上课不积极，老师该怎么办？

高校教师移民进入"移居国"的新教学环境，往往会产生职业焦虑和实践问题。[1]例如，与以学生为中心的教学相关问题。许多研究表明，获得组织或更有经验的同行的支持对新人至关重要。[2]寻求学校帮助是重要的一步，有助于高校教师提高相关的教学技能，成功地融入不同的课堂文化。

在进行研究的大学里，有一个专门组织的教学协会，致力于解决外籍教师在中国高校教学中遇到的问题。协会指导手册明确了解决教学问题的四个步骤：第一，教师尽力自行解决；第二，如果不能自行解决问题，那么教师可以向小组领导寻求帮助，也可在同事的帮助下解决；第三，在研讨会上与有经验的同事讨论；第四，如果通过研讨仍不能解决，教师可以向"本校"申请专业指导。在教学方法上，学校没有为教师提供系统学习教学理论的机会，而是由教学协会每两周举办一次研讨会，旨在帮助高校教师移民融入新的、不同的教学研究实践活动。

> 这所大学采用相对自由的个性化教学策略。教师授课不常用学校提供的教材。英籍高校教师移民往往根据教学内容和学生水平选择教材，而不是拘泥于课本。课本通常用于学生课后自学。然而，在大学展开实地研究时，受访者告诉笔者，该大学正计划

---

[1] Sawir E. Embarking Upon a New Academic culture: Implications for Identity and Educational Practice, Academic Migration, Discipline Knowledge and Pedagogical Practice [M]. Singapore: Springer, 2014: 131-142.

[2] Sawir E. Embarking Upon a New Academic culture: Implications for Identity and Educational Practice, Academic Migration, Discipline Knowledge and Pedagogical Practice [M]. Singapore: Springer, 2014: 131-142.

执行一项新规定，要用固定教材来教授预科❶学生，以提高大多数学生的英语水平。在本章第二部分也会讨论到，大学教师面临的最大挑战之一就是学生的水平参差不齐。让平行班都使用统一的教材学习，学校就可易于评估出学生的英语水平，以确保他们够格进入第二年学业中的学术研究。教材也会根据师生的需要与时俱进。例如，为了解决中国学生在课堂上相对"沉默"的问题，英语教学中心在教材中增添了一些题目来帮助学生主动提问，并设置了很多习题来提高学生的批判性思维能力。关键是要树立学生信心，让学生了解自身才能，端正学习态度，提高学习成绩。显然，大学在培养学生方面有自己的考虑，尽管最初是为了教师自身的利益。然而，某些受访者不愿意使用这些固定教材，因为它"禁锢"了创造力。（詹姆斯，英语教师，26岁，在中国1年）

除了大学会给教师提供系统的帮助，在教学指导和教材方面，各个学院也有一些方法来解决以学生为中心的教学方法带来的困难。例如，经济学院通过评估学生课堂表现，鼓励他们更加积极地参与课堂互动。该方法得到经济系教师们的积极回应。其他院系的一些受访者表达了他们的感受：

> 一个大的问题是，我只根据每学期最后一周的笔试或口试测评来给学生成绩，但这种方式只能反映出学生掌握的某方面课程内容。在经济系，如果你在课堂上很活跃，那么期末成绩可以提高20%。这种做法是为了照顾课堂上不那么活跃的学生，也是专为中国学生设计的，是明智的举动。学生们在课堂上变得活跃多了。我希望有一天我们系也能有这样的规定。（保罗，讲师，36岁，在中国2年）

---

❶ 大学生可修读三年或四年的课程（含一年预科）。预科专为有学术能力的学生而设，但他们的英语水平或学历不足以让他们直接进入学习为期三年的学位课程。

第九章 跨国流动过程：教学和教学法创新

尽管如此，但说起来容易做起来难。虽然已证明此方法的可行性，但其他教师说它有一个不可避免的缺点：

> 我可以花更多的时间准备讲课，以及思考如何鼓励学生自主学习。但我也有研究和行政工作要做。回到考核上，虽然很难改变考核方式，但你可以给他们一个融入课堂的充分理由，或课堂参与至少算一部分成绩，对吧？要做到这一点，我必须填写一份申请表，寄到英国的母校，进行审核。这一切可能要到明年或下学期才会奏效。我能做这件事，但没有做。因为做这件事意味着我要做更多的工作。你知道的！也许这会让学生们在课堂上表现得不错，但我每次都要给出评定！简单来说，我（有自己的方法）教这门课。学期末，我布置一篇论文，然后打分。虽然我要花很多时间来看60篇论文，但是之后就没事了！我不需要考虑怎样评定学生的课堂参与度。（波蒂，高级讲师，33岁，在中国4年）

然而，情况并非如此简单。不仅大学要适应新的教学方式，而且最主要的是，高校教师移民自身也需要适应。贝蒂认为，从个人的角度来看，"跨国时代"的教学策略既不应该是静态的，也不应该是没有情感的。教师需要了解他们的"目标"学生，以便更好地"服务"他们。然而，这取决于目标是什么。大学教学的许多问题在于，参与教学人员的目标并不总是一致。理性分析问题和自我调整对于英籍高校教师移民的个人和职业发展具有重要意义，对"提供专业洞察力和建设性变革的动力"❶具有重要意义。有人告诉我，教师经常准备几套教学方案，以防学生对其中一套未作出回应：

> 在这里教学，你需要全身心地去了解你的学生，并不断改进教学方法。对我来说，第一学期最具有挑战性，因为在备课的时

---

❶ Earle Reybold, L, Alamia, J. J. Academic Transitions in Education: A Developmental Perspective of Women Faculty Experiences[J]. Journal of Career Development, 35（2）: 107-128.

候需要准备A、B、C计划。如果A计划对你的学生不起作用，那么你必须迅速切换到另一个。在接下来的几个学期，情况会逐步好转。我认为在这种情况下，教学经验至关重要。你要通过教学不断学习。（罗伯特，教授，55岁，在中国3年）

事实上，一位"好"老师会希望英国和其他国家也能如此。"你必须对教室里的学生采用灵活的教学方式"，性格外向和愿意改变是帮助移民适应新领域的关键。许多英籍高校教师移民表示，理解中国学生"旧习惯"的运行方式是保证教学实践有意义和发挥课堂高效作用的必要条件。例如，卡尔注意到，他的中国学生在课堂上天生不活跃，但如果点名让他们回答问题，你会发现他们真的答得不错：

在我的课堂上，最大限度地参与和互动是非常重要的。我们在英国就是这样做的。与我在英国的学生相比，中国学生在课堂上并不非常活跃。所以，我的解决办法是直接点名回答问题。你可能会发现他们实际上知道的比你想象的要多。（卡尔，教授，50岁，在中国3年）

在本节中，笔者讨论了英籍高校教师移民在国际性大学适应"新"学术环境的方式。他们的压力来自学生和学校。他们需要在教学和评估过程中考虑学生的各种情况。因此，为了提高课堂教学效率，高校教师移民挑战自己，为不同的教学实践制订了几项不同的方案，并最终找到了适合每种情况的方案。笔者认为，在日益"国际化"的高等教育领域，高校教师移民的教学方法正在逐渐变化。

（二）英国中籍高校教师：教学困难和方法创新

教学激进的教师首先要在自己的课堂上履行口授的责任。在英国的中籍高校教师当中，不少人认为，仅仅成为一名口授教育者，能够清楚说明研究对象，一开始也是很困难的。这不是专业知识的问题，而是语言的问题：

第九章 跨国流动过程：教学和教学法创新

> 一开始，对我来说最大的挑战是语言。我在中国的时候很健谈。但当我在伦敦读研究生的时候，我变得越来越沉默寡言，因为申请读博不需要说很多话。当我被这所大学录取的时候，他们让我准备90分钟的演讲。我觉得自己的英语口语真的很差，清楚确切地表达自己的想法对我来说真的很难。我会没有信心，尤其是在100个人面前。过去一年，我几乎每天都做噩梦，梦到自己讲课时说不出话来。（辛文，讲师，30多岁，在英国7年）

个人早年在英国的求学经历可能与初期教学生涯中的教学实践并不完全相适应。正如辛文所指出的，在伦敦读博的几年，她变得更加沉默寡言。由于博士学习的性质，她真的没有经常练习英语口语的机会。这在一定程度上影响了她后来的教学实践。在英国读研期间，她学习非常努力，成绩优异，但与说英语的学生来往较少，使得她练习英语口语的可能性降到了最低。除了辛文，从其他受访者那里收集到的信息显示，几乎所有人在职业生涯初期时，都经历过所谓的"提高语言水平的噩梦"。问题不只是语言本身，还有其他因素。例如，对"移民国"教学文化的理解有限，导致误解或沟通无效。萨维尔（Sawir）在最近的研究中也表明支持这一观点："……运用第二门语言或外语是首要挑战。这不仅仅关乎语言能力的表达与书写，还关乎共享及正确理解文化意义与设想。"[1] 许多中国受访者有多次使用第二门语言教学和受到有限文化资本影响的经历，他们分享了自己教学中的艰难经历。例如：

> 我记得第一次收到学生反馈的情形。有一些积极的反馈，但是更多是消极反馈，如大多数人说听不懂老师的口音，不明白为什么这所大学聘用了这么多外籍老师，等等。你通常不会从中国

---

[1] Sawir E. Embarking Upon a New Academic Culture: Implications for Identity and Educational Practice, in Academic Migration, Discipline Knowledge and Pedagogical Practice [M]. Singapore: Springer Singapore, 2014: 161-175.

本土学生那里得到这种反馈；这些言辞对我来说太直接了，我不得不说，打击了我的信心。（严红，30多岁，在英国5年）

自信与教学实践和话语实践有密切联系。中籍高校教师移民在教学实践中缺乏自信，这还是文献中一个相对冷门的话题。缺乏自信可能是因为个人身份的转变。个人职位从中国的高级教师变为英国的低级教师（大多数直接从中国调到英国的受访者得到的都是降低的职位），工作伙伴从庞大学术群体变为新机构的少数人；周围环境从更受尊重和更易掌控变为充满未知的"转化学习"❶舞台❷；或者，在严红的例子中，从拥有语言优越感的个人变成易被英语本土学生批评的对象。此外，出身于一种相对重视师生等级制度的文化环境的教师，直接接受学生的批评是一件更难应对的事。它们不断影响受访者的自尊，同时也影响了他们在教学中的语言进步。受访者反复告诉我，在英国教学经历初期，他们得到的评价比其他人低。

对中籍高校教师移民来说，适应新的教学环境，用外语教授一门具有强烈"英国特色"的课程并非易事。笔者发现，接受态度似乎与压力调节有关。受访者的压力来自早期阶段受到的批评。越是不愿意接受当地的教学标准，他们在英国成为一名好老师的过程就越艰难和缓慢。为了把"移民国"的教学资本为己所用，中籍高校教师移民必须端正对提高语言水平的态度，并且最终让自己获得合格的文化和教学能力。在这个过程中，努力工作是关键。大多数受访者都愿意分享他们在"转型时期"的"糟糕旧时光"：

我花了很多时间准备幻灯片，有时用几乎一个星期的时间来准备一堂课！我通常需要用一天的时间来构建整个幻灯片，这对

---

❶ 转化学习的理论已应用于成人学习，以观察个人如何批判性地检查自身实践，并发展其他融知识和技能为一体的观点。为了做到转化学习，个人必须改变他/她在新环境中的思维和行动。

❷ King R, Ruiz Gelices E. International student migration and the European year abroad [J]. International Journal of Population Geography, 2003, 9: 229–252.

第九章 跨国流动过程：教学和教学法创新

我来说是最简单的部分。然后，我会用6天来排练。我把自己锁在办公室里，假装面对着我的100个学生。就像演员一样，我需要在自己的舞台上表演好。这种方法确实有效，我在课堂上更自信了。到第二年或第三年，一切会变得更顺利。（李俊，讲师，40多岁，在英国12年）

李俊的经历是典型的例子，描述了中籍高校教师移民在"移民国"教学早期阶段经历的艰难转型。每位受访者几乎都经历过。然而，需要指出的是，目前关于移民和教学文献的主要关注点是移民如何适应当地条件（移民的同化），而不是教师如何通过引入原生学术环境中教学方法的方式来影响当地的教学规则。后者在很大程度上被忽视了。教学研究应该关注到移民对当地文化的"反向影响"。在本研究中，笔者发现中籍高校教师移民在他们早期职业生涯（包括他们的语言提高阶段）中，倾向于融入当地的教学规则和教学方式。而之后，他们倾向于寻找自己的教学解决方式来处理在课堂上发现的棘手问题。文辉在教学中找到了一种将语言劣势降到最低的方法：

当你用外语教学时，你很紧张。一紧张，语速就快，因为你本能地想尽快结束课程。但是，当你说得很快并有中国口音时，学生会觉得难以跟上，尤其是在大课上。后来我发现，说得越慢越好，越清晰越好。我尽可能地放些简洁的句子在幻灯片上，让他们对我所教的东西有一个大致的框架。此外，我还给留学生们写出了那些术语。（文辉，教授，50多岁，在英国23年）

当然，作为一名移民，在英国学术界工作并不仅仅是应对挑战，还有创造出新的教学方法。在英国的大学当一位教师移民有不利的一面，也有有利的一面。虽然很多学生，尤其是中国留学生，不愿意接受中国讲师（主要是因为语言问题）。但我的很多受访者都已经通过了"提高语言水平的阶段"，他们更受留学生的欢迎，因为他们在很多方面"了解留学生的需求"。

由于有过在西方国家学习的经历,他们知道如何对留学生因材施教。"为外国学生写出术语"可能是一个例子。还可以是随和地与学生交流,告诉他们一些应对外国课程差异的小方法。此外,对于教授与中国语言或文化相关课程的中籍教师来说,他们的中国身份实际上是"赢得比赛"的王牌。在这种情况下,他们在中国积累的文化资本和迁移经验成了自身明显优势。

> 如果你问我的中国身份对教学有什么帮助,我会告诉你它在很多方面帮助了我。我曾经上过一堂关于中国建筑史的课。我注意到,我的学生非常专注于我说话的内容。当我阐述要点时,他们频频点头。我觉得自己给了这门学科某种权威感。(李毅,高级讲师,40多岁,在英国15年)

正如笔者所提到的,中籍高校教师移民与当地教师之间教学资本的不平衡不仅引发了问题,也导致了"移居国"学术界对教学方式的重塑。有趣的是,某些情况下,当地有限的教学资本推动了教学方法相关的变化。中国有个成语叫"扬长避短"。受访者们经常用这个词来描述自己教学方式的转变策略。

例如,中国人在英国当高校教师的一个短板是不够精通阅读和写作。没有多年的实践经验,很难与当地教师竞争。因此,他们面临的另一个挑战是批改考核:

> 大班教学的一大挑战是批改考核。我教的本科班有187名学生。我可以看到门口旁边的小推车里放着他们的考核作业。在这里教书一个很大的不同是,英国推行主观考试,而不像中国那样推行客观考试。我们的课每学期有6到7个主题,学生可以选择其中的一个作为最后考核的内容。这给我带来了两个问题:其一,有些学生很"狡猾",只来上和所选考核主题相关的课,其他课则不来上;其二,每篇论文3000字,要花很长时间来批改打

第九章 跨国流动过程：教学和教学法创新

分，这一过程超级无聊，并且给每个学生反馈总是让我很头疼。
（李毅，高级讲师，40多岁，在英国15年）

这是一个适应教学文化挑战的典例（不同的"游戏规则"）。挑战来自几个不同方面。首先，正如李毅在其采访中指出的，英国推行主观考试，而他之前一直用客观考试来考核中国学生，这意味着他并不熟悉主观考试，也没有足够的经验知道如何处理。其次，除了口语，语言问题还包括阅读和写作——用第二门语言指正主观考试中的问题非常"费时"。最后，我注意到，我的许多受访者不愿意经常写反馈，因为他们不能接受学生的英语比他们的"好"。这背后有一个更深层次的社会原因：在中国，一个好的老师应该在教学和其他学术方面都表现良好，只有这样才能赢得学生的尊重。中国有这样的传统，"教师应该以身作则，学识渊博，行为规范，表里如一，带领学生找到正确的学习道路和成长方式，这叫作为人师表，教师要当学生的榜样"。[1]中国教师在思想上无法接受自己教书和学习实践中的表现不如学生，所以他们需要找到一种方法来"掩盖"自己的"不足"。

在大多数情况下，你读一篇本科生论文，通常会觉得他们写的东西很肤浅，并且有时是一样的。所以，在阅读了50篇这样的论文之后，你可能会发现自己的大脑停止了工作，很难判断哪篇更好，尤其是当你只有10~20分钟来阅读一篇3000字的论文时。结果，为了区分他们的评级，你最后会把注意力放在那些明显的错误上，如参考文献和关键词，而不是内容。作为一名教师，我知道自己能做得更好，只要再多花点时间来阅读论文，但是大学规定了提交学生成绩的截止时间，而且一周内一字一句地批改装满手推车的论文是根本不可能的事情。（华沙，高级讲师，40多岁，在英国18年）

---

[1] Zou P. Chinese Cultural Heritage: Influences on University Learning and Teaching, in Academic Migration, Discipline Knowledge and Pedagogical Practice [M]. Singapore: Springer Singapore, 2014, 161–175.

关注明显错误可以很大程度地提高批改论文的效率,但很难预知这种做法对教书和学习质量的影响。这种行为不能简单地判断是不是负责任,因为在中国的教育环境下,这样做是可以理解的。很多中国教师为了节省时间,会沿用这种批改方法,甚至是在批改中文试卷的时候。很难说其他种族的教师是否也这样做。

我在中国时发现每个问题都有标准答案。即使是对学生论文的评定,我们也有一个阐述要点的列表。它就像一张清单,帮助你快速阅读,挑选出考核中最重要的部分。(王雪珂,语言教师,30多岁,在英国2年)

关键问题在于,通过采访笔者逐渐发现,中籍高校教师在转型为国际教育者的过程中,经常使用在原生文化中养成的"思考方式"。

为了节省时间,我批改他们的考卷时,总是在寻找关键词。通常情况下,考卷中出现了上课时我告诉他们的关键内容,分数就不会太低。我认为,这和我的中国教育经历确实有关,也就是我们所说的得分点。(王雪珂,语言教师,30多岁,在英国2年)

通过找"得分点"来批改文章,可能导致评判相对不公正。一些教师基于以往的中国工作经验,完全改变了他们的考试内容,不再是百分之百的客观题,而是让主观题表现出客观题的特征。这一变化表明,当一群教学文化背景不同的教师,在不断接触到不同的学术文化后,原有的教学模式和当地的教学规则都会受到潜移默化的影响。

我找到了一个解决此问题的方法:对大一的学生,我要求他们每学期回答三个与我的讲座相关的具体问题,每个问题的答案应该在400字左右。也就是说,每个问题都有一个标准答案。如果回答接近我准备好的标准答案,就可以得到高分。我还必须确

第九章 跨国流动过程：教学和教学法创新

保这些问题是合适的，这样只有上过课的人才能答出来。这种方法与 3000 字论文相比，节省了大量的时间，也使得学生更认真地上课。（张文西，准教授，40 多岁，在英国 20 年）

在中国高校教师移民情况中，正如上文所述，中英的考核体系的一大区别在于主观和客观测试。可以从文化价值维度来解释这一区别——所谓的"个人主义"和"集体主义"❶。英国提倡个人主义，个人之间的社会联系相对松散，每个人都应该对生活中的问题有自己的观点和态度。在学术界，个人创造力和批判性思维是每个学生都应该具备的重要能力。相比之下，中国奉行的是集体主义，即一个"人们生来团结一致、互相忠诚"的社会❷，个人利益服从集体利益。这意味着，教授个人理想的过程也要服从已有的老套答案。所以主观测试在中国使用得比在英国少。知识，特别是基础知识，是要记住的，而不是去挑战它的。邹的著作——《中国文化遗产及其对大学教与学的影响》中也有相似的思想：

> 鼓励学生思考和求知并行："学而不思则罔，思而不学则殆。"然而，在中国传统文化中，仔细研读和高深研究都离不开大量的阅读。因此，中国学生倾向于硬记内容，而不求深刻理解和掌握实际技能。这意味着，从古至今，中国学生倾向于表面学习，而非深入探究。❸

中籍高校教师"原有"教学资本也孕育了某些成功的教学方法。一方面，

---

❶ Hofstede G. National Cultures Revisited [J]. Asia Pacific Journal of Management, 1984, (9): 22–24.

❷ Sawir E. Embarking Upon a New Academic culture: Implications for Identity and Educational Practice, Academic Migration, Discipline Knowledge and Pedagogical Practice [M]. Singapore: Springer, 2014: 131–142.

❸ Zou P. Chinese Cultural Heritage: Influences on University Learning and Teaching, in Academic Migration, Discipline Knowledge and Pedagogical Practice [M]. Singapore: Springer Singapore, 2014, 161–175.

关于学者跨国流动性的理论探讨和经验研究

这些方法解决了移民教师大量耗时批改论文的问题；另一方面，受访者声称，这些改变亦受到学生欢迎。

> 对于研究生来说，固定的问题不适合他们。所以，我想出了另一个考核的方法：我让他们分组做一张 A2 大小的海报，包括设计工作和 500 字的教学评语。我收到了很多学生的积极反馈，他们认为这很好地结合了理论和实践。对我也是一件好事，因为不必再花费无休止的时间阅读论文了。（李泉山，讲师，30 多岁，在英国 7 年）

然而，这些教学方法并不总是产生积极的结果。例如，我的一名受访者也发现，他的一项考核没有得到学生的认真对待：

> 当然，它并不总是有效的。我记得有一次我让学生交作业，这些作业需要使用专业的软件来完成。后来我发现，有些学生抄袭他人作品，只是做了些小改动，希望我不会注意到。（吴迪，讲师，30 多岁，在英国 7 年）

现有研究表明，发达国家的教育仍然更强。"和教授交流时，他很坦率地告诉我，他对第三世界国家的教育质量不太有信心……这件事深深印在我脑海里。"[1] 这种观点解释了部分原因，为什么在这所世界一流大学教书的中籍高校教师，无法做到把他们原有的教学方法迁移到英国，而是试图从两种教学文化中选择有利的方面以"掩盖"自己在教学上的不足。这也说明，新领域工作的教师在转型过程中，原有的教学资本会被低估，这一教学资本是在其原有教学文化中累积起来的。然而，这并不一定意味着，这一资本不能成为新教学方法的基础。这些新教学方法既为移民教师

---

[1] Razzaque M A. Traversing the Academic Terrain Across the Continents: A Reflective Account of My Journey and Transformation, in Academic Migration, Discipline Knowledge and Pedagogical Practice, [M]. Singapore: Springer, 161-175.

所接受，也为当地学生或国际学生所接受。

（三）讨论

笔者在本部分内容中调查了跨国学术教学空间，尤其是由不同的学术传统和文化所组成的空间，可以在多大程度上影响跨国学术移民日常的教学法和评估方法。笔者着眼于"外国学术文化"如何应对基础跨国教学实践中"强加的当地约束"。一般来说，在跨国语境下，教学法的发展需要解决的问题包括：重新思考课程内容，应对变化的教学环境和重新定义跨国学习。

研究表明，英国的教师在中国面临着挑战：把所谓的"创造性教育实践"融入由当地中国学生主导的教学主场。这组教师最关心的就是获得"文化能力"[1][2][3]，即"理解不同的价值观和制度体系，挑战自己对它们的思考并作出行为改变"。参与本研究的许多教师都详细说明了他们是如何逐渐理解跨国学术工作场所的"当地性"以及学生的学习习惯。反过来也可以理解为，他们努力去应对挑战并在跨国大学中开展了"有效"的教学。

对于中国的学术移民而言，语言能力为跨文化教学实践提供了机会。通过了解他们在讲课中的缺陷，中国的学术移民正在寻找可能的方法规避语言层面的弱点。笔者在本部分内容中指出了两个在现存文献中没有广泛讨论过的方面：一是语言挑战也源于阅读和写作，他们用英语教学的自信心，如何应对学生对自己教学能力的负面反馈，以及处理教学中的疑惑；二是不平均的学术资本可能不会阻碍成为一个国际教育工作者，而是会促进教学法的进一步更新发展。然而，不同于英国教师寻找适应"地方敏感性"的"西方"教学法来推动教学边界的做法，中国的移民教师通过创造"新

---

[1] Trahar S. Teaching and learning: The international higher education landscape, Subject Centre for Education [M]. Bristol: ESCalate, 2007.

[2] Trahar S. Changing landscapes, shifting identities in higher education: narratives of academics in the UK [J]. Research in Education, 2011, 86（1）: 46–60.

[3] Trahar S, Hyland F. Experiences and perceptions of internationalisation in higher education in the UK [J]. Higher education research and development, 2011, 30（5）: 623–633.

的"教学法来提高教学质量,该教学法受他们熟悉的"中国教学法"的启发。

笔者采访过的大多数学术移民对跨国教学空间更加广泛的多样性和动态性持欢迎态度。尽管"东道国"教育场地多层次的复杂性给他们带来了很多问题,但他们投入的时间和精力却给笔者留下了深刻印象,给他们自己并不太熟悉的学生创造了富有成效一个学术环境。很明显,跨国教育的发展给学术移民带来了机会,他们能够在学术文化多样性的基础上提高教学水平、改进评估方法。因此,跨民族主义在高等教育中对个体教师的教学法创新、知识进步和长期的职业发展具有重要意义。

本节阐述的要点回应了金的呼吁,即学术移民对"东道国"教育环境的影响存在不确定性:"目前尚不清楚跨国学术流动的新形式、类别对确立和发展多元学术文化有多大影响。"[1][2] 笔者在本节不仅关注挑战和同化(或融合),也研究这组移民群体影响跨国学术空间的方式,取得了一些突破。了解跨国移民如何成为"宝贵的国际商品"至关重要,因为他们能够"用自身的专业知识和文化背景,为其所在学科的学习、教学和研究带来新的视角"[3]。

二、跨国课堂上的师生关系

(一)英国教师在中国:回应跨国课堂的学生多样性

这所大学分校的教室自身具备"跨国性"的特点。尽管这所大学的教室里主要是中国学生,但重要的是需要考虑到,这所大学相对而言也是一个"有着来自不同国家的人的工作和学习场所",因为这里的教师、非

---

[1] Kim T. Shifting patterns of transnational academic mobility: A comparative and historical approach [J]. Comparative Education, 2009, 45 (3): 387-403.

[2] Kim T. Transnational academic mobility, internationalization and interculturality in higher education [J]. Intercultural Education, 2009, 20 (5): 395-405.

[3] Handal B. Global scholars as ambassadors of knowledge, in academic migration, discipline knowledge and pedagogical practice [C]. Mason C, Rawlings, Sanaei F, Springer Singapore [M]. Berlin: Singapore, 2014: 27-38: 27.

第九章　跨国流动过程：教学和教学法创新

教职人员和学生"往往各具资格和经验，且来自不同国家"❶❷。目前，该校有20%~25%的学生是国际学生，他们来自30多个不同的国家，这导致在过渡性学习环境中具有复杂性。笔者在本节会探讨"跨国课堂"对教师和学生的意义，中国学生甚至不出国就能了解到这种特殊的跨国教育。

给英语水平参差不齐的学生上课是参与本研究的英国教师面临的第一个挑战。几位参与本研究的教师注意到，这所大学的学生英语水平各具差异，这可能会阻碍他们的日常教学。为了调整跨国课堂上的教学法，首先要找到一种方法来全面了解学生们的语言水平：

> 一般来说，国际学生的英语水平高于本地学生。他们在课堂上可以用英语更自由地交谈，表达自己的观点，并且他们知道如何提出观点。（杰克，英语教师，33岁，在中国8年）

在这一文化多样的学术团体中，参与本研究的教师进一步认识到，即使是在亚洲学生群体中，英语水平也存在明显的差异：

> 我所有的本科学生都是亚洲学生：95%是中国人。当然，来自中国以外的学生的英语水平更高。例如一些在美国生活多年的中国人英语说得更好，所以这很难去判断。（爱娃，英语教师，三十四岁，在中国2年）

有趣的是，中国学生之间也存在着多样性：

---

❶ Welch A, Yang R. The Chinese knowledge diaspora and the international knowledge network: Australian and Canadian Universities compared: A case study of the University of Toronto [R]. Australian Research Council Discovery Project, 2009.

❷ Welch A R, Zhen Z. The rise of the Chinese knowledge diaspora: possibilities, problems and prospects for South and North, realising the Global University [R]. London: World Universities Network Forum, 2007.

我意识到，即使是来自中国的学生，英语水平也存在差异；一般来说，来自大城市的学生比来自农村的学生英语水平要好得多。（杰克，英语教师，33岁，在中国8年）

很明显，学生和教师的多样性创造了一个多元文化环境，每个参与其中的人都在这种国际性的环境中工作。具体来说，正如杰克所提到的，一个国家内部也存在着多样性：由于区域性的学术差异，中国学生的英语水平各具差异。学生英语水平的差异在教学中导致了严重的问题。

为了能大致了解学生的英语水平，我让他们交给我一些先前在高中时的写作材料。说实话，差距很明显。对于那些英语已经处于很高水平的学生来说，我很容易找到一种方法把他们的英语提升到更高的水平；但是对于那些英语不太好的学生来说，我很难在他们身上看到进步，因为他们可能会在表现优异的学生面前自卑，而且不愿意学习英语。（马克，英语教师，30多岁，在中国5年）

因此，英国的学术移民面临的一个教学困境是，如何平衡同一班级来自不同国家、英语水平各具差异的学生的不同需求：

我们通常每学期都有一次学生调查。我遇到的一个问题是，我从不同的学生群体那里得到了不同的反馈。有些学生想要更加正式的演讲展示，或者又认为讨论这种形式很好；因为它有助于更好地学习英语。国际学生认为，由于语言水平不同，课堂上存在着问题。所以在他们讨论的时候，很多是关于某一概念含义的讨论，比如某个词的含义，而不是用这些词去进行相关讨论。基于讨论的各种需求，让我很难决定教学方法和教材。（玛丽，副教授，40岁，在中国1年）

第九章　跨国流动过程：教学和教学法创新

就离岸教学活动而言，现存文献经常比较不同国家群体之间的课堂实践。例如，帕同（Patron）写道："法国和澳大利亚的课堂实践形成了鲜明的对比。法国学生很少举手参与到课堂中，因为这根本不是他们的学术文化；而澳大利亚学生受到鼓励，对互动更加积极，因为这通常是他们评估的一部分。"[1] 然而，正如笔者所提到的，许多参与本研究的教师发现，学生在课堂上的行为多变不仅仅是因为来自于不同国家。在实践中，我们还应考虑到个人的学习习惯和学术水平。笔者认为，由于本研究中的课堂具有跨国性质，学术移民需要重新构想在跨国课堂上的学生结构，不仅要考虑民族国家的不同，而且要考虑学生作为一个整体，其学术水平具有多样性，特别是同一国家的不同群体：

> 我们总是说中国学生在课堂上很安静，不说话。这在一定程度上是正确的，但在许多情况下并非如此。例如，在我的课堂上，大约有六个中国学生总是回答问题。他们说出的英语，质量通常是最高的；同时，他们也是最聪明的。在课堂上，许多国际学生很少说话。我认为学生的积极性更多地取决于自身的性格和学术水平，而不是来自于哪个国家。（罗伯特，教授，55岁，在中国3年）

参与本研究的教师也指出，他们不可能把一些教学方法"硬塞"到不同的文化群体中：

> 很难说我在法国这样教学是因为他们是法国学生，而在中国，我会这样教学是因为他们是中国学生。其实不太能说清楚。（蔻蔻，讲师，28岁，在中国1年）

---

[1] Handal B. Global scholars as ambassadors of knowledge, in academic migration, discipline knowledge and pedagogical practice [C]. Mason C, Rawlings, Sanaei F, Springer Singapore [M]. Berlin：Singapore，2014：27-38.

关于学者跨国流动性的理论探讨和经验研究

事实上,"跨国课堂"上的学生不仅来自不同国家,而且在学术和语言水平上也高度具有多样性。在跨国教学环境中,跨国教师面临的挑战来自于在同一课堂上调节不同学生的需求,并找到平衡点去引导不同的学生群体。因此,改变教学方法以适应不同学生的需求,对于学术移民的日常教学实践具有重要意义。当然,对于英国的学术移民来说,适应这种新的国际学术环境并非易事。"国际化高等教育体系"[1]下的跨国课堂是他们目前面临的一个挑战,但从长远来看,也同样可以推动他们的教学和职业发展,这与本章第一部分的讨论相呼应。

在认识到跨国课堂上学生的多样性之后,出现的问题则是,这种课堂上的学生结构在多大程度上影响了跨国教学。学生从分校区学到的知识和从英国主校区学到的一样,是否真实还存在疑惑。值得注意的是,许多参与本研究的教师抱怨的一个事实是,中国学生作为课堂上的主要群体影响了教学效率:

> 我在教学中发现了一个主要问题:我的学生中有90%是中国人,在我开展小组讨论时出现一些问题。我让他们把桌子搬到一起,这样就可以面对面进行讨论。但对我来说,最头疼的是他们经常用中文讨论而不是英语。由于他们并没有真正开展讨论,所以当讨论结束后我提问题时,他们常常依赖于"好"学生代表小组来回答问题。这有点浪费时间。(露西,讲师,在中国2年)

除了露西指出的问题外,笔者在课堂观察中发现,中国学生(作为课堂上的一个主要群体)影响了参与本研究的教师的教学实践。中国学生的学习习惯是他们面临的真正挑战。例如,中国学生仍然更注重预先给定的知识,比如幻灯片上的大纲和课本上的要点;许多学生为了节省时间,在讲课期间使用手机拍摄教学材料和讲课笔记,因为许多学生表示边听课

---

[1] Welch A R, Zhen Z. The rise of the Chinese knowledge diaspora: possibilities, problems and prospects for South and North, realising the Global University [R]. London: World Universities Network Forum, 2007.

第九章 跨国流动过程：教学和教学法创新

边记笔记比较困难。许多参与本研究的教师对"拍照"问题表达了他们的看法：

> 我最无法习惯的事情就是我的学生总是在课堂上拍照，第一次看到时我有点震惊，因为我以为他们在给我拍照，但后来我发现那只是为了复制我的演示幻灯片。对此我真的不明白，因为英国的学生并不经常这样做。这确实影响了我的教学情绪；由于他们拍照，我感觉有时我不能集中注意力。（莉娅，英语教师，在中国1年）

事实上，跨国课堂教学的效能不仅会受到教师教学法的影响，还会受到学生行为和对教师反应的影响。跨国教学实践与学术移民的教学习惯和学生的学习习惯有关，这一点在露西和莉娅的例子中有所体现。除此之外，一些参与本研究的教师还注意到中国学生给课堂环境带来的不同之处：

> 有一件事让我很惊讶，那就是下雨的时候，你可以看到教室前面有几百把不同颜色的伞撑开。我看到那些鲜艳的颜色心情会变得很好。我不知道为什么，或许这让我想起了英国的雨天。（艾伦，英语教师，在中国1年）

跨国课堂实践的复杂性所产生的这种国际跨度引发了一个问题："跨国教学实践在多大程度上类似于英国主校区的课堂实践"，以及"学生如何在不用出国的情况下体验这种位于本国的跨国课堂"。参与本研究的教师明确认识到，这所中英双重性质大学的学生处于"双重接受"的学术生活中，他们从外籍教师那里获得知识，并与来自不同国家的学生进行互动（但大多数学生是中国人）。那么在这所大学里，缺少的是国际学习环境，这个环境是由来自非东道国的重要学生团体所提供。这反过来影响了学术移民的教学效率，使得该课堂的"国际性"比"本应"具备的程度稍差一些。

> 我在课堂上注意到一个很大的不同是学生。我在英国教书时，班上本地学生比中国学生多。我现在教的这门课不像英国的那样国际化，建立这个分校区的目的是把英国的教育带给学生。但是，你知道，外教只是英国真正教育的关键要素之一，课堂上真正缺少的实际上不是老师而是国际学生。不管你付出多大的努力，学生从教学中得到的东西都不同于那些在英国念书的人，特别是在研讨会上，因为讨论的动力来自学生而非老师。（比尔，讲师，在中国大约4年）

参与本研究的教师指出的一个问题是，分校不仅学习环境，而且学习的效果和质量与英国的本部没有可比性。由于在中国从战略上推广大学教育的压力，他们需要降低对学生的学术要求：

> 这导致了另一个问题：出于"战略"原因，我在学期末有时不得不让那些"坏"学生通过期末评估，尽管我知道他们在学业上表现得不够好。如果我不让他们通过，就会影响学生的就业率，进而影响学校的声誉，将来很难再招收更多的学生。你明白我的意思，学位看起来是一样的，但我不得不说，它实际上不同于你在英国获得的同等学位。（马克，英语教师，30多岁，在中国5年）

综上所述，对于国内大学机构而言，跨国学习和教学环境是不可复制的。这一部分揭示了跨国课堂里学生多样性可以大致按民族划分，但也需要考虑单一民族群体内的多样性，跨国教师的教学选择不能仅局限于基于刻板印象的民族学生群体。英国学术移民努力开展合适的教学法，以满足不同学生群体的各种需求，尤其是当地中国学生所具备的"新"学习习惯。对这一跨国学习空间的合理描述围绕"真正的跨国教育"这一话题，展开了一场关键性的辩论，这意味着"一对一的院校机构资本跨空间转移，并且空间变得不重要"。❶ 笔者与沃特斯的观点不谋而合，认为过渡教室并不总是完全从"国内"到"东道国"院校机构。它是一个特殊的空间，深受地方和师生之间的跨文化关系的影响。

（二）中国教师在英国：在跨国教学中的角色由"学术榜样"转变为"励志向导"

中国的学术资本、教育和文化遗产对中国学术移民在英国大学的教学理念、教学方法和实践产生了重大影响。正如我在第二章中所讨论的，唐代主要学者之一韩愈提出，教师在中国传统意识形态中的基本角色是"传播教义（传道）、教授专业知识（授业）、并解答疑惑（解惑）"。因此，中国的教育或多或少是"以教师为中心"的，中国教师有责任成为该领域的"榜样"，用学术界的"奥秘"来引导学生。对于参与本研究的教师来说，他们的旅程始于在新的工作环境中找到一个合适的教学定位。笔者实地考察的那所大学是一所国际大学。越来越多的国际学术移民使该大学推动新的法规来适应这种情况变得十分合理。了解不同国家学术界之间的差异，能够让大学尝试为国际学术移民提供一些空间，让他们在工作中感到舒适称心：

> 我不知道是因为我是中国讲师，还是因为他们的常规程序，一开始，他们让我尽可能多地去尝试各种课程。直到第二年开始我才有固定的讲课。（俊宇，讲师，30多岁，在英国10年）

这种轮换制度允许学术移民有一年的时间来体验学术文化之间方向和程度的差异。很明显，学术移民的文化调整是"由教学体系之间的差异来进行调解"。❷ 与那些在中国一直反对使用固定教材进行教学活动的英国

---

❶ Waters J, Maggi L. A colourful university life? Transnational higher education and the spatial dimensions of institutional social capital in Hong Kong: transnational higher education in Hong Kong [J]. Population, Space and Place, 2013, 19（2）: 155-167.

❷ Handal B. Global scholars as ambassadors of knowledge, in academic migration, discipline knowledge and pedagogical practice [C]. Mason C, Rawlings, Sanaei F, Springer Singapore [M]. Berlin: Singapore, 2014: 27-38: 28.

教师相比，参与本研究的教师在英国无法适应研讨会的"灵活"课程结构。这种挑战出现在"家"和"东道国"的学术文化之间：在中国，即使在研究生阶段，研讨会也并没有得到广泛的教学实践。中国教师的教学主要以教材为基础，以讲课的形式开展，而不是以小组为单位参与式的讲习班或研讨会。与西方大学相比，中国的大学更注重考试，课堂讨论不太活跃。与之相反的是，在英国大学工作的现实可能会迫使中国教师以另一种方式传播知识：作为课堂讨论的协调者，而不是"榜样"来传播智慧、传授知识和解答疑问。正如谭琳在接受采访时所强调的那样，并非每个人在一开始就能轻易应对这种文化差异：

其中一门硕士课程真的让我头疼，因为它没有固定的讨论主题。不像在中国，我们有教材，每个学期都有教学时间表，在这里，每个人都可以自由选择教材，并以自己的方式进行教学。我知道这样有利于制订个人教学计划，但作为一名外籍教师，尤其在课程刚开始，我很容易感到有点失落。（谭琳，讲师，20多岁，在英国5年）

许多研究人员强调了组织或同辈在帮助国际工作人员适应新的学术环境方面提供持续支持的重要性。❶❷ 参与本研究的教师，尤其是那些英国学术资本积累较少的人，建议他们在真正步入教学之路之前需要接受更多的正规培训。尽管这所大学高度国际化，但缺乏对学术移民观点的理解，以及缺乏具备跨文化视角的人力资源，可能会导致该大学派遣的学术移民在没有充分接受培训的情况下进行教学。这可能是由于各种原因，包括错误地认为学术移民可能不需要培训，就像他们在与本国同班同学一起接受博

---

❶ Sawir E. Embarking Upon a New Academic culture: Implications for Identity and Educational Practice, Academic Migration, Discipline Knowledge and Pedagogical Practice [M]. Singapore: Springer, 2014: 131-142.

❷ Sawir E. Embarking Upon a New Academic Culture: Implications for Identity and Educational Practice, in Academic Migration, Discipline Knowledge and Pedagogical Practice [M]. Singapore: Springer Singapore, 2014: 161-175.

第九章 跨国流动过程：教学和教学法创新

士培训时那样。参与本研究的教师指出的一个特别普遍的问题是，他们在向新教育体系转型的过程中"孤身一人"。具有国际经验的同事或管理者很容易找到，但真正了解中英差异的人却很难找到。尽管欧特（Otten）认为，一个国际机构需要"有技能和热情的人，这样的人本质上有动机参与所有文化活动"❶，但很难在实际工作程序中实现这一理想：

> 你的同事非常独立；他们充满善意，但他们没有办法帮助你，因为他们不知道你在这种环境里缺什么。（辛文，讲师，30多岁，在英国7年）

这不是态度问题，而是能力问题，因为"东道国"学术团体对移民肯定具有"开放的智力和审美立场"，但仍然缺乏"全球能力和跨文化交际技能"。❷ 因此，用邓小平同志的话来说，中国的学术移民在教学实践的探索阶段往往"摸着石头过河"。许多参与本研究的教师注意到，他们必须对学生尝试不同的教学方法（或态度），以找到最适合的方法：

> 一开始我对学生非常好。因为你太友好了，他们不会把你当作老师，而是当作朋友或兄弟。学生们不受约束，然后你会发现很难在课堂上维持纪律。所以，我明白了我应该在严格和友好之间取得平衡。（大力，语言教师，30多岁，在英国4年）

在大力的案例中，由于他是一名语言教师，在"东道国"的学术文化中，拥有的学术资本相对较少（大部分语言教师直接从中国派遣），他必须在教学生的过程中积累资本。他实践的时间越长，其学习和适应变化的意愿就越强，越能更好更快地在新的教育环境中胜任工作。为了避免使用"中

---

❶ Matthias Otten. Academicusinterculturalis? Negotiating interculturality in academic communities of practice[J]. Intercultural Education, 2009, 20（5）: 407–417.

❷ Sawir E. Embarking Upon a New Academic culture: Implications for Identity and Educational Practice, Academic Migration, Discipline Knowledge and Pedagogical Practice [M]. Singapore: Springer, 2014: 131–142: 137.

国传统教学法"的"冷漠",他试图与学生友好相处。然而,由于英国"教育以学生为中心"的本质,他发现最大的挑战在于学生的课堂纪律。因此,他对学生的教学态度介于"自由放任"和"严格"之间。在参与本研究的教师中,这种个人调整是非常重要的。这是一个"同化过程",其中"榜样"成为"励志向导"。

那些在英国积累了更多学术资本的中国教师也承认,他们在转型期间曾多次改变方法:

> 上学期,我给出了学生期末考试的总分。从他们的反馈来看,很多人并不满意。一个学生问我为什么他的朋友彼得得了67分,而自己只有60分。这很难说,我仅仅告诉他这只是大致的印象。我知道这样的回答没有说服力,所以今年我改变了我的计分方法。他们的最终得分由30%的写作、20%的小组作业和50%的实验分数构成。我还给他们发了评估准则的电子邮件,用来衡量他们学习过程中的表现。你可能需要在每个部分给学生写反馈,但因为他们询问最终成绩的邮件变少了,这实际上节省了时间。(和平,30多岁,在英国5年)

> 有一件事我从一开始就无法习惯,那就是如果学生对他们的成绩不满意,他们会经常和你争论。在中国的大学里,你很少会遇到这种情况。我的经验告诉我,在大多数情况下,你应该坚持自己最初的判断,因为学生会传播流言蜚语,如果你更改一个学生的成绩,你会没完没了地收到学生的电子邮件为他们的成绩辩护。这也意味着你在评估他们的作业时需要非常细心。(高原,语言教师,40多岁,在英国3年)

同化是一个资本积累过程,学术移民可以在"东道国"环境中从个人和专业上受益。然而,本节应讨论的另一个关键问题是,占主导地位的学术文化如何"在移民学术方面采取谦逊的学习姿态",研究人员尚未对此

第九章 跨国流动过程：教学和教学法创新

进行充分探讨。萨维尔的研究指出，文化多样性可以被当作一种特殊的文化资本形式，国际学生也可以从中受益：

> 我发现从事研究的学生，特别是那些来自亚洲背景的学生，能够很轻易地与我交往相处。他们来与我畅所欲言地谈论私人和学术问题。尤其是在家庭定居在澳大利亚的学生来找我征求意见，涉及子女的学校教育、配偶的兼职工作和其他家庭事务。学生们有时也来找我寻求情感上的支持，当她们觉得有时很难胜任母亲、学生和工人的多重角色。❶

在研究中，笔者还发现中国学术移民为国际学生，特别是中国学生提供了学术和社会、情感支持：

> 我们在商业中总是说顾客就是"上帝"。然而在英国的大学里，我的印象是，学生是我们的"上帝"；不像在中国，老师是学生的"上帝"。对于这些孩子而言，年纪如此小就离开家庭并非易事，他们中的大多数来自于备受家长宠爱的富人家庭。他们来到英国学习，我讲的课他们很难理解，他们可能就会轻易放弃，其父母花费的金钱也是徒劳无功的。尽管在英国教书的教师没有责任义务去保证自己学生的教育效果，我还是竭尽所能去帮助他们。（高原，语言教师，40多岁，在英国3年）

尽管萨维尔认为，国际学生可以获得机构性学术支持，但参与本研究的教师指出，实际上，大学提供的支持更多地集中在语言能力和个人困难上，而不是教学法和课程结构上。即使是大学自己的网站和国际学生手册也起不到什么作用，因为对于许多时间和英语能力有限的学生而言，他们

---

❶ Sawir E. Embarking Upon a New Academic culture: Implications for Identity and Educational Practice, Academic Migration, Discipline Knowledge and Pedagogical Practice [M]. Singapore: Springer, 2014: 131-142: 137.

没有足够时间去阅读。因此，许多国际学生在学习中都会经历一个危机时刻。在这种情况下，移民教师和他/她的国际学生之间自然会形成情感上的相互依赖。由于移民教师在新的学术文化环境中与其学生具有共同的文化背景和学习经验，可以被视为学生的"舒适区"。因此，中国学术移民在过去的学习或教学经验中积累的资本是一种宝贵的资源，有助于国际学生减轻压力，节省适应新环境的时间：

> 通常情况下，我不会对某些学生群体进行特殊对待。但是，正如你所知，硕士生只有一年的时间，这意味着国际学生并没有足够的时间去适应新环境。他们可能会在第一周开始做一个项目，然而英国和中国的学术规定间的巨大差异让他们感到迷茫。因此，我们通常会为国际学生开设一门介绍课程，让他们了解这其中的主要差异。本地学生则可以选择跳过该课程。（弃文习，50 多岁，在英国 20 年）

> 我们在中国有任务书，告诉你要做什么以及如何做；而在这里，当你做一个项目，你首先需要有一个原创的想法或概念，没有人会告诉你做什么及如何做。我发现当地的学生会迅速积极地跟上你的节奏，而中国的学生却很难跟上。中国学生更专注于项目细节，而不是对蓝图有很清晰的概念。我经历过中国和英国教育制度的培育，所以我确切地知道学生困难的根源。然而，你知道的，当地教师不能很轻易地归结出问题的重点，因为他们没有把自己置于学生的角度去思考。我认为我在这里当外籍教师是一个优势，尤其是当大学迫切地想满足国际学生的需求。（易拓，讲师，20 多岁，在英国 2 年）

随着大学国际化程度的提高，了解国际学生的需求变得至关重要。这两条引语强调了将中国学术移民视为"潜在资源"的可能性，来提供支持，使学生能够充分参与"东道国"的学术环境。在当代中国学校工作的中国学术移民中，他们的身份和本身具备的文化资本不仅有助于他们与国际学生交流并获得信任,而且使他们能够以额外的权威去教授自己的学科,因为他们是熟悉中国文化的"内部人士"。然而,许多参与本研究的教师注意到,中国学生总是希望用汉语与他们交流,尽管他们不愿意这样做。在这种情况下,他们通常优先考虑自己的工作岗位:

> 在本科生中,15%~20%是亚裔,而80%的硕士生来自中国。有时我的中国学生会在课间休息时来找我,用汉语向我提问。在这种情况下,我总是告诉他们使用英语;因为当我工作的时候,我是一所世界领先的英国大学的老师,而不是一个他们交的中国朋友。我对我的硕士生要求更严格,因为他们大多数是中国人,我要求他们一直使用英语,尤其是当他们和中国同学进行小组讨论的时候。(吴娟,讲师,30多岁,在英国10年)

(三)讨论

本节借鉴了英国和中国的跨国教师在跨国课堂离岸教学方面的见解,以探讨跨国教学在师生关系方面的挑战。本节第一部分阐述了中国当前跨国教育的教学环境。它对"将国内院校整体迁移到东道国,不用搬到英国就能为学生提供真实的学术环境"这一理想情景提出质疑。笔者在本节中得到的研究结果表明,中国的跨国教学空间并不是中国学生所期待的英国学术空间的"复制品"(尽管在本研究中它也被视为一种跨国空间)。

受访者给出的反馈强调了学生多样性及其学习习惯对影响跨国课堂教学实践的重要性。研究结果也强调了地方性在教师教学和学生学习经历中的重要性。

跨国课堂教师面临的两大挑战是:其一,确定所需知识、技能的范围,平衡所需态度,以及明确发展成为一名成功的跨国教师的要求;其二,平衡自身与学生的学习,理解并及时满足其跨国学生的需求,同时扩充自身的知识、培养技能和调整态度,使他们在这种环境下更能达到教学效果。

研究结果表明,跨国教学的动态变化在一定程度上取决于学生的英语水平,而英语水平的差异不仅仅局限于国家和民族的差异。本地学生的群体学习习惯也影响到跨国课堂上学术移民的教学实践。在本案例研究中，存在一个矛盾：作为跨国课堂关键构成的中国本地学生阻止再现"真实"的英国教育环境。笔者认为，学生们从这所中英双重性质大学所能获得的，并不像这所大学最初计划的那样"真实"，跨国课堂给跨国教师带来了巨大的挑战。课堂的"跨国性"给跨国教师的教学适应和创新带来了巨大的空间，这与本章第一部分的讨论相呼应。

对于在英国的中国教师来说，他们在中国的教师地位给了他们一定程度的权威，这是学生难以挑战的。但是，如果英国的"游戏规则"与中国的不一致，则该领域的"玩家"应根据该跨国大学的"英国规则"（或"跨国规则"）进行调整。因此，问题是参与本研究的教师如何从他们在中国的"榜样"这一身份，转变为在英国新的跨国学术领域中，与学生相处中一种更适宜的身份。研究表明，许多中国教师在英国的前几年里存在着问题：在教学活动中感到迷茫，在准备教学材料，给学生合理打分，寻找具备"全球竞争力"的适宜培训人员，或从同事那里获得帮助等。然后，几年的教学经历过后，他们意识到自己在"跨国课堂"上扮演的角色是"励志向导"，而不是他们在中国所扮演的"榜样"角色。

同样，参与本研究的教师所经历的这一挑战过程，不仅包括他们在跨国课堂上对新的学术文化的适应，还包括他们在新环境中对学术进步所做的贡献。研究结果还表明，中国教师所拥有的文化资本可以为国际学生带来益处。在承认中英学术文化之间的差异时，中国学术移民从学术、心理、实践等多方面为国际学生提供了帮助。因此，笔者认为，对于在跨国学术空间教学的学术移民来说，他们所拥有的资本不仅会在其教学过程中，以及改变与学生的关系时带来一些问题，而且会使他们在跨国教学中成为一种特殊贡献者。

总之，笔者认为，跨国课堂上的师生关系取决于教师识别学生需求多样性的能力，以及利用其拥有的学术资本提高教学质量的能力。从学生和教师的角度来看，对跨国学术环境的"地方性"进行调整也很重要。笔者认为，学术个人在跨国高等教育不断变化的特性中起着至关重要的作用。他们渐渐地构建出跨国教学模式、学术价值观和课堂文化。他们重新概念化了这个文化多样，但具有特定地方性的学术环境的教学传统。